数学が育っていく物語／第2週

絵　村井宗二

数学が育っていく物語／第2週

解析性

実数から複素数へ

志賀浩二著

岩波書店

読者へのメッセージ

　本書は，2年前に私が著わした『数学が生まれる物語』の続編として書かれたものです．『数学が生まれる物語』では，数の誕生からはじめて，2次方程式やグラフのことを述べ，さらに微積分のごく基本的な部分や，解析幾何に関係することにも触れました．それは全体としてみれば，十分とはいえないとしても，中学校から高等学校までの教育の中で取り扱われる数学を包括する物語でした．

　しかし，数学が本当に数学らしい深さと広がりをもって私たちの前に現われてくるのは，この『数学が生まれる物語』が終った場所からであるといってもよいでしょう．そこからこんどは『数学が育っていく物語』がはじまります．そこで新しく展開していく内容は，ふつうのいい方では，大学レベルの数学ということになるかもしれません．でも私は，大学での数学などという既成の枠組みは少しも念頭にありませんでした．

　私が本書を執筆するにあたって，最初に思い描いたのは，苗木から少しずつ育って大樹となっていく1本の木の姿でした．苗木の細い幹から小枝が出，小枝の先に葉がつき，季節の到来とともに，葉と葉の間から小さな花芽がふくらんできます．毎年，毎年同じようなことを繰り返しながら，木は確実に大きくなり，1本のたくましい木へと成長していきます．

　古代バビロニアにおける天体観測を通して，さまざまな数が粘土板上に記録されることになりましたが，それを数学の種子が土壌に最初にまかれたときであると考えるならば，それから現在まで4000年以上の歳月がたちました．また古代ギリシャ人の手によって，バビロニアとエジプトから数学の苗木がギリシャに移しかえられ，そこで大切に育てられたと考えても，それからすでに2500年の歴史が過ぎました．しかし，この歴史の過程の中で，数学がつねに同じ足取りで成長を続けてきたわけではありませんでした．数学が成長へ向けての大きなエネルギーを得たのは，17世紀後半からであり，その後多くのすぐれた数学者の努力により，数学は急速に発展してきました．そして科学諸分野への応用もあって，時代の文化の1つの表象とも考えられるような大きな姿を，現代数学は示すようになってきたのです．数学は大樹へと成長しました．

　本書でこの過程のすべてを描くことはもちろん不可能ですが，それでもその中

に見られる数学の育っていく姿だけは読者に伝えたいと思いました．しかしそれをどのように書いたらよいのか，執筆の構想はなかなか思い浮かびませんでした．そうしているとき，ふと，いつか庭木を掘り起こしたとき，木の根が土中深く，また細い糸のような根がはるか遠くまで延びているのに驚いたことを思い出しました．私がそのとき受けた感銘は，1本の木が育つということは，木全体が1つの総合体として育っていくことであり，土中深く根を張っていく力が，同時に花を咲かせる力にもなっているということでした．本書を著わす視点をそこにおくことにしようと，私は決めました．

　土の中で，根が少しずつ育っていく状況は，数学がその創造の過程で，暗い，まだ光の見えない所に手を延ばし，未知の真理を探し求めるさまによく似ています．私は数学のこの隠れた働きに眼を凝らし，意識を向けながら，そこからいかに多くの実りが，数学にもたらされたかを書こうと思いました．

　私は，読者が本書を通して，数学という学問は，1本の木が育つように，少しずつ確実に，そしていわば全力をつくして，歴史の中を歩んできたのだ，ということを読みとっていただければ有難いと思います．

　　　1994年1月

　　　　　　　　　　　　　　　　　　　　　　　　　　　　　　志賀浩二

第2週のはじめに

　第1週で述べたように，ベキ級数によって級数の世界は関数の世界へと接続されました．ベキ級数で表わされる関数は，収束域の内部では何回でも微分できますし，また近似的な挙動を知ろうと思うならば，たとえばベキ級数の十分先までとった整式を用いて，コンピューターを使って数値計算させグラフを書かせれば，それで大体のことはわかります．私たちがふだん使っているよく知っている関数はすべてベキ級数で表わされます．ベキ級数で表わされる関数は，いわば数学の土壌の中に深く根を張っている関数であるといってよいのです．

　しかし，眼の前を流れるさまざまな自然現象は，数学的な表現として捉えるときには，1つ1つがたとえば時間を変数とするある関数を表わしているとみることもできます．したがって関数概念の中には，非常に多くの関数が取りこまれていることになります．この見通しもきかないようなたくさんの関数の中で，一体，どのような性質をもつ関数がベキ級数として表わされる関数となっているのでしょうか．私たちはまず何回でも微分できる関数に眼を向けます．このような関数はいつでもベキ級数として表わすことができるのでしょうか．18世紀まで，数学者は漠然と楽観的にそう考えていたようですが，実際はそうではなかったのです．

　その状況を明らかにするものとしてテイラーの定理があります．この定理によれば，微分できる関数ならばどんな関数でも，ある点の十分近くでは，n 次の整式として近似的に表わすことができます．この近似式との誤差——剰余項——が，n を大きくするとき，ある範囲の x でつねに 0 に近づくという条件をみたすならば，その範囲で関数はベキ級数として表わされます．しかしこのような述べ方では，ベキ級数展開できるということと同じことを単にいっているにすぎないようにも聞えます．実際は微分できる関数がいつでもこの条件をみたしているとは限らないのです．

　19世紀になって事情がしだいにわかってきたのですが，実数の中だけでは，ベキ級数として表わされる関数をはっきりとした性質によって取り出すことはできなかったのです．数学が複素数へと幕を開けることによって，ベキ級数が本当にいきいきと躍り出し，存在感をもってきはじめました．複素数の世界では，微

分できる関数はいつでもベキ級数として表わされる関数となっています．数の体系を，実数から複素数へと広げていくことは，数学の歴史にとっては画期的なことだったのですが，解析学は，ベキ級数を通してその方向へ展開していくことに強い確信をもつことになりました．

今週はその過程をお話しします．たぶんそこには，今まで予想もできなかったような，新しい数学の景色が広がっていくことになるでしょう．

目　　次

　　読者へのメッセージ
　　第2週のはじめに

月曜日　　平均値の定理 …………………………………… 1

火曜日　　テイラーの定理 ………………………………… 25

水曜日　　複　素　数 ……………………………………… 49

木曜日　　正則関数 ………………………………………… 73

金曜日　　コーシーの定理 ………………………………… 99

土曜日　　解　析　性 ……………………………………… 125

日曜日　　二, 三の話題 …………………………………… 149

　　　問題の解答 ………………………………………… 159
　　　索　　引 …………………………………………… 165

月曜日

平均値の定理

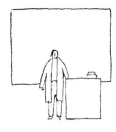

先生の話

　先週は，数直線の描像や無限小数展開の中に示されている実数の連続性が，数列，級数を経て，ベキ級数へと，しだいにダイナミックな動きをとっていくさまを見てきました．

　ベキ級数は収束域の内部では，何回も微分できる関数を表わしています．そしてそこでは整式と同じような規則で微分したり積分したりすることができます．そうすると私たちは当然次の問題の答を知りたくなってきます．

　一体，微分できる関数の中で，どんな性質をもつものがベキ級数として表わされる関数となっているのか？

　しかし，このような一見漠然とした問題に答はあるのでしょうか．今週の話は，この問題に明確な答を与えることを主題として進んでいきます．

　その前にまず関数とは何かを述べておかなくてはならないでしょう．関数は，時間を決めれば星の位置が決まるというような，2つの量の対応を考えるときの，ごく素朴な意識から，数学の中へと抽象されてきました．ふつうは数直線上の区間 I で定義された関数 $y=f(x)$ とは，次のような言い方で述べられています．

　"区間 I の各点 x に対して，実数 y を決める1つの規則が与えられたとき，この対応を $y=f(x)$ のように書き，y は x の関数であるという．"

　関数の定義としてはこの言い方で十分のようにみえますが，しかし規則を決めるといっても，ベキ級数のような具体的な表示があれば別ですが，はっきりした規則が決められないときには，一体，それはどうしたらよいのだろうかと聞かれると，答に窮するのです．たとえば，グラフ用紙に1つの曲線を書いて，これはある関数のグラフを表わしているといっても，このグラフだけから本当にどんな x をとっても，y の値を正確に決めることができるのでしょうか．

　関数の定義を支えているのは，2つの変量の間の対応を見出す私

たちの直観であり，そこに紛れの生ずることはないのですが，数学の別の言葉を用いて，関数という概念を定義しようとすると，そこにはどうしても，集合とか，対応とか，それ自身にすでにはっきりした数学的な定義を与えることがむずかしい言葉が入ってきて，何かどうどうめぐりをしているような感じになってきます．これは私のまったく個人的な感想にすぎませんが，一般的な概念として，関数を数学的に明確に定義することは，ほとんど不可能なことではないかと思っています．

　この個人的な感想をもう少し続けますと，関数という概念は，確かに対応という考えによって支えられているのですが，この概念が包括する大袋の中味を，はっきりと把握することは，誰にとってもむずかしいことでしょう．概念が一般的になればなるほど，この種の問題が生じてきます．たとえばごく日常的な例でいえば，動物という概念を何か別の言葉を用いて定義することを試みても，それは成功しないでしょう．それでもそれが概念である以上，私たちは「1匹の動物がいるとしましょう」という言い方からスタートして話を進めていくことができます．そして次に「北極に住んでいて，四本足で…」としだいに性質を加えていくと，やがてそれは白熊だということが判明します．

　私たちがこれから述べようとしていることは，関数という一般概念に対して，しだいに適当な性質を見出していき，最終的には，ベキ級数で表わされる関数を，一般の関数概念の中からはっきりと特定したいということです．関数に対しては，いまお話ししたようなことはあるとしても，それは皆さんに十分了承されている包括的な数学の概念であるとして，ふつうのように述べていきます．

連続関数

　これから関数 $y=f(x)$ というときには，数直線上のある閉区間，または開区間で定義されている関数を考えることにする．開区間の中には数直線全体 $(-\infty, +\infty)$ も加えておく．場合によっては，半

開区間で定義された関数を考えることもある．

変数 x が（a 以外のところから）a に近づいていくとする．このとき，関数 $f(x)$ の値が限りなく A に近づいていくならば，x が a に近づくときの $f(x)$ の**極限値**は A であるといって

$$\lim_{x \to a} f(x) = A$$

と表わす．

第1週，火曜日の数列の収束の言い方にならって，このことを不等号を用いていい表わすと

> どんな正数 ε をとっても，ある正数 δ があって
> $$0 < |x-a| < \delta \quad \text{ならば} \quad |f(x)-A| < \varepsilon \qquad (1)$$
> が成り立つ．

という言い方になる．

♣ この言い方になれない読者は，ここはひとまず読みとばされてもよいのだが，念のため数列の極限値との対比を示しておこう．

数列の場合：$\lim_{n \to \infty} a_n = A$ とは，どんな正数 ε をとっても，ある番号 N があって

$$n \geqq N \quad \text{ならば} \quad |a_n - A| < \varepsilon$$

変数の場合：$\lim_{x \to a} f(x) = A$ とは，どんな正数 ε をとっても，ある正数 δ があって

$$0 < |x-a| < \delta \quad \text{ならば} \quad |f(x)-A| < \varepsilon$$

見くらべてみるとわかるように，数列の場合には番号 N が大きくなっていく状況が問題となっているが，変数の場合には，x が a にどこまでも近づいていく状況が問題となっている．N 番目以上をとれば，という言い方が，δ-以内の範囲に入っていれば，という言い方に変わってくるのである．

先週木曜日"四則演算と極限"のところで，数列の極限をとることと，四則演算を行なうことには，ごく自然な整合性が成り立つことを述べたが，対応することは変数の極限値についても成り立つ．

すなわち

$\lim_{x \to a} f(x) = A$, $\lim_{x \to a} g(x) = B$ とすると
(ⅰ) $\lim_{x \to a} (f(x) + g(x)) = A + B$
(ⅱ) $\lim_{x \to a} (f(x) - g(x)) = A - B$
(ⅲ) $\lim_{x \to a} (f(x) g(x)) = AB$
(ⅳ) $g(x) \neq 0$, $B \neq 0$ のとき

$$\lim_{x \to a} \frac{f(x)}{g(x)} = \frac{A}{B}$$

この証明は，数列の極限のときと同じようにできるので，ここでは省略しよう．

> **定義** 関数 $y = f(x)$ が，定義されている区間内の各点 a に対して
> $$\lim_{x \to a} f(x) = f(a)$$
> が成り立つとき，$f(x)$ を **連続な関数** という．

この定義は，簡単に，すべての点 a で
$$x \longrightarrow a \quad \text{ならば} \quad f(x) \longrightarrow f(a) \qquad (2)$$
が成り立つといってもよい．または $x = a + h$ とおくと，$x \to a$ は $h \to 0$ と同じことになり，したがって(2)は
$$h \longrightarrow 0 \quad \text{ならば} \quad f(a+h) \longrightarrow f(a)$$
といってもよいことになる．

♣ ここでも，もし ε, δ を使って(2)の内容をいいかえることにすると，どんな正数 ε をとっても，ある正数 δ があって
$$|x - a| < \delta \quad \text{ならば} \quad |f(x) - f(a)| < \varepsilon \qquad (3)$$
となる．注意深い読者は，(1)と見くらべて，ここでは $0 < |x - a| < \delta$ の代りに単に $|x - a| < \delta$ と書かれているのに気づかれたかもしれない．(1) ではわざわざ除いておいた $x = a$ を(3)で問題としなくなったのは，$x = a$ のときは，結論の方は $|f(a) - f(a)| = 0$ となって必ず成り立っているからである．

$y = f(x)$ が連続関数であるということを，グラフを通してふつう

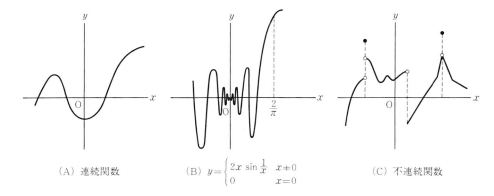

(A) 連続関数　　(B) $y=\begin{cases} 2x\sin\dfrac{1}{x} & x\neq 0 \\ 0 & x=0 \end{cases}$　　(C) 不連続関数

の感覚で捉えようとすれば，この関数のグラフは，図(A)のように連続してつながった曲線になっているということになる．対比していえば，もっとも単純な不連続関数のグラフは図(C)のようになるだろう．

　もっともグラフが激しく波打って，その波と波との間隔が極端に狭くなったりしてくると，グラフがつながっているかどうか，よくわからなくなってくることもある．図(B)は，そのようなグラフの例である．このような場合には，原点で連続かどうかを確認するには，定義にもどって考えることになる．定義にしたがってみれば，(B)の場合，注目するのは原点に近づくグラフの波形ではなく，y 軸上で示されている $f(x)$ がとる値の範囲であることがわかる．

　図(B)のグラフでは，x が 0 に近づくにつれ，y 軸上で $f(x)$ のとる値の範囲がどんどんせばまって原点に近づくので，($f(0)=0$ だから）原点で連続となるのである．

連続関数のもつ1つの性質

　連続関数の定義を見ると，"各点 a で" $x\to a$ ならば，$f(x)\to f(a)$ であるといっているだけである．これだけから，連続関数のある広い範囲にわたる性質を特定して取り出すことがはたしてできるのだろうか．実際はここで，もう一度実数の連続性を表面に出して使うことにより，次の解析学の基本定理を示すことができるので

ある.

> **定理** 閉区間 $[a,b]$ で定義された連続関数は有界であって，区間内のある点で，必ず最大値と最小値をとる．

閉区間 $[a,b]$ 上で定義された連続関数を $y=f(x)$ とする．

証明に入る前に，定理で述べていることを説明しよう．$f(x)$ が $[a,b]$ 上で有界であるということは，ある正の数 K をとると $|f(x)|\leqq K$ が $[a,b]$ 上でつねに成り立っているということである．また最大値，最小値をとる点があるということは，$[a,b]$ の中に点 x_0, x_1 を適当にとると，$x\in[a,b]$ に対し

$$f(x) \leqq f(x_0) \quad (f(x_0) \text{ は最大値となる})$$
$$f(x) \geqq f(x_1) \quad (f(x_1) \text{ は最小値となる})$$

が成り立っているということである．

♣ 閉区間 $[a,b]$ という条件が必要なことは，たとえば開区間 $(0,1)$ 上で定義された関数 $y=\dfrac{1}{x}$ は連続だけれど，$x\to 0$ のとき $y\to+\infty$ となって有界にならないことからわかる．またこの定理を成立させている背景に"実数の連続性"が深くかかわっていることは，もし変数 x が有理数の値しかとらなければ，閉区間 $[1,2]$ 上で定義された連続関数 $y=\dfrac{1}{x-\sqrt{2}}$ は，有界でなくなってしまう，また $y=(x-\sqrt{2})^2$ は，最小値をとる点がなくなってしまう，ということからも推測されるだろう．

［証明］ まず $f(x)$ が有界であることを示そう．説明が少し簡単になるので $f(x)\geqq 0$ のときだけ考えることにしよう．

$f(x)$ が有界でないと仮定して，矛盾がでることを示す．このように仮定するとどんな自然数 n をとっても，$x\in[a,b]$ で $f(x)>n$ となる x が存在することになる．したがって，集合

$$M_n = \{x \mid x\in[a,b], f(x)>n\}$$

は空集合ではない．そして

$$M_1 \supset M_2 \supset M_3 \supset \cdots \supset M_n \supset \cdots \tag{4}$$

が成り立っている（図参照）．

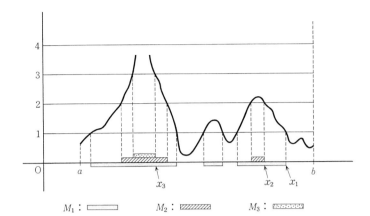

そこで M_n の上限を x_n とおくこととする：
$$x_n = \sup M_n \quad (n=1,2,\cdots)$$
そうすると，明らかに次の3つの性質が成り立つ．

(i) $a \leqq x_n \leqq b$, したがって $x_n \in [a,b]$ $(n=1,2,\cdots)$

(ii) $x_1 \geqq x_2 \geqq \cdots \geqq x_n \geqq \cdots$ （(4)による）

(iii) $z_n \in [a,b]$ で
$$x_n - \frac{1}{n} < z_n \leqq x_n, \quad f(z_n) > n \quad (n=1,2,\cdots)$$
をみたすものがある．

(iii)は x_n が M_n の上限であることと，上限の定義から，上限の少し左側には必ず M_n の点が見つけられることからわかる．

(i)と(ii)から，実数の連続性によって
$$\lim_{n\to\infty} x_n = \tilde{x}$$
が存在し，$\tilde{x} \in [a,b]$ となることがわかる．一方，(iii)から
$$\lim_{n\to\infty} x_n = \lim_{n\to\infty} z_n = \tilde{x}$$
となっている．したがって $f(x)$ は連続だから，
$$\lim_{n\to\infty} f(z_n) = f(\tilde{x})$$
となっているはずであるが，(iii)から $f(z_n) \to +\infty$ $(n\to\infty)$ であり，

$f(\bar{x})$ に決して収束することはない．これは矛盾である．したがって $f(x)$ は $[a,b]$ で有界でなければならない．

次に，$f(x)$ が区間 $[a,b]$ 上で最大値をとる点 x_0 が存在することを示そう．変数 x が区間 $[a,b]$ を動くとき，$f(x)$ のとる値はいま示したように有界な範囲を動くのだから，$f(x)$ のとる値に上限が存在する．それを γ とする：

$$\gamma = \sup\{f(x) | x \in [a,b]\}$$

このとき前と同じような考えで

$$N_n = \left\{x \,\middle|\, f(x) > \gamma - \frac{1}{n}\right\} \quad (n=1,2,\cdots)$$

とおき（N_n は x 軸上の集合！），

$$u_n = \sup N_n$$

とおくと，次の(ⅰ)′,(ⅱ)′,(ⅲ)′が成り立つ．

(ⅰ)′ $u_n \in [a,b]$ $(n=1,2,\cdots)$

(ⅱ)′ $u_1 \geqq u_2 \geqq \cdots \geqq u_n \geqq \cdots$

(ⅲ)′ $v_n \in [a,b]$ で

$$u_n - \frac{1}{n} < v_n \leqq u_n, \quad f(v_n) > \gamma - \frac{1}{n} \quad (n=1,2,\cdots)$$

をみたすものがある．

そこで

$$\lim_{n \to \infty} u_n = x_0$$

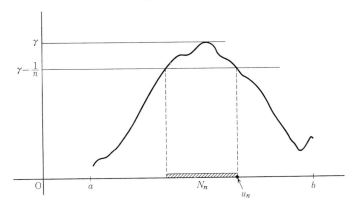

とおくと，$x_0 \in [a, b]$ で，また(iii)′から

$$\lim_{n \to \infty} u_n = \lim_{n \to \infty} v_n = x_0$$

したがって $f(x)$ の連続性と(iii)′により

$$f(x_0) = \lim_{n \to \infty} f(v_n) \geqq \gamma$$

となるが，γ は $f(x)$ のとる値の上限だったのだから，$f(x_0) \leqq \gamma$．結局

$$f(x_0) = \gamma$$

が得られた．このことは，x_0 で $f(x)$ は最大値 γ をとることを示している．

同じようにして最小値をとる点 x_1 が存在することも証明される． (証明終り)

なおこの証明では，有界性を示すところと，最大値の存在を示すところに，同じ考えを適用したが，一方は背理法として，他は最大値の存在証明として用いられたところに興味がある．点を追いかけていくという考え方は，実数の連続性に支えられているが，それは数学の証明法にも色どりを与えてきたのである．

ロルの定理への移行

連続関数が閉区間 $[a, b]$ 上では最大値，最小値をとるという事実は，各点のまわりの性質——局所的な性質——として定義された連続性が，区間全体における関数の挙動に対して，1つの性質——大域的な性質——を導いたという点で，重要な意味をもつものである．しかし，ふつうのように，グラフ用紙にグラフを書いて，この内容の深さを推測しようとしても，何か当り前の事実を述べているにすぎないという感じをもたれるかもしれない．そのような感じを除くためには，多少SF的ではあるけれど，地球から発射された宇宙探査ロケットが，1兆kmの彼方の星まで到着する状況を想像す

るとよいかもしれない．このとき，このロケットの速度に注目すれば，この長い宇宙の旅の途中のどこかで，最大速度に達するときと，最小速度に達するときとがあるということを上の定理は保証している．しかしこのような空漠とした事実に対して，もし数学的保証がなかったら，私たちはどう考えたらよいだろうか．

さて，連続関数 $y=f(x)$ のグラフを閉区間 $[a,b]$ 上で書いたとき，上の定理のいっていることは，グラフの波形を x が a から b までの間を追いかけていったとき，必ず波に一番高い所と，一番低い所が現われてくることを意味している．しかし，グラフの波形の変化を調べるのは "微分の仕事" である．実際，$f(x)$ が微分可能な関数であれば，最大値，最小値をとる点 x_0, x_1 が，もし $[a,b]$ の**内部にあれば**，そこではよく知られているように $f'(x_0)=0$，$f'(x_1)=0$ が成り立っている．この連続性から微分可能性への移行で，もっとも注目すべきことは，最大値，最小値をとる点が $[a,b]$ 内に必ずあるという，本来，関数の値の大小に関係する性質（不等号を用いる性質！）が，導関数に移ると，$f'(x)=0$ となる x が $[a,b]$ 内に存在するという性質（等号を用いる性質！）へと変容していくことである．

すぐ上でも注意しておいたが，$f(x)$ の最大値，最小値をとる点が，もし区間 $[a,b]$ の端点 $x=a$，$x=b$ のときには，このことは微分に関する結果としては何も反映してこない（図参照）．

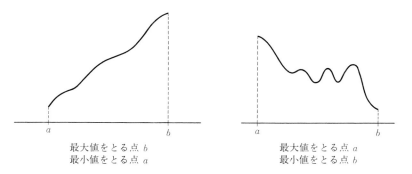

最大値をとる点 b
最小値をとる点 a

最大値をとる点 a
最小値をとる点 b

そのことに留意すると，上の連続関数の最大値，最小値が存在するという定理は，結局次の形となって，"微分の世界" の中で捉え

られてくるのである．

> **定理** 閉区間 $[a, b]$ で定義された微分可能な関数 $f(x)$ が
> $$f(a) = f(b) = 0$$
> をみたしているとする．このとき，a と b の間にある適当な値 ξ に対して
> $$f'(\xi) = 0$$
> が成り立つ．

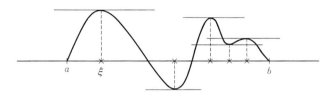

これを**ロルの定理**という．この定理に対して，少し注意を述べておこう（それがまた証明にもなっている）．

最初に $f(x)$ は閉区間 $[a, b]$ で微分可能と書いてあるが，この機会に端点 a, b における微分可能性について触れておこう．端点 a で微分可能とは

$$\lim_{h \to 0} \frac{f(a+h) - f(a)}{h} \quad (h > 0 \text{ とする})$$

の極限値，すなわち右からの極限値が存在することである．そしてこの値を $f'(a)$ と書く．端点 b で微分可能とは左からの極限値

$$\lim_{h \to 0} \frac{f(b-h) - f(b)}{h} \quad (h > 0 \text{ とする})$$

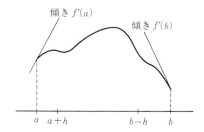

が存在することであり，この値を $f'(b)$ と書く．

さて，微分可能な関数は連続だから（第1週の土曜日，114頁参照），$f(x)$ は，$[a, b]$ で最大値と最小値をとる．仮定によって，$f(a) = f(b) = 0$ であるが，もし $f(x)$ がつねに 0 の値しかとらない関数ならば，$f'(x)$ はつねに 0 だから，a と b の間のどの値を ξ としても，$f'(\xi) = 0$ が成り立つ．

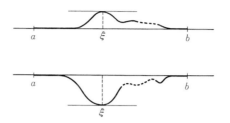

そうでなければ，$f(x)$ はどこかで $f(x) > 0$ となるか，またはどこかで $f(x) < 0$ となる．前の場合には，最大値は正となり，したがって最大値をとる点を（必ずしも1つとは限らないだろうが，そのうちの1つを）x_0 とすると

$$a < x_0 < b \quad \text{で} \quad f'(x_0) = 0$$

となる．したがって ξ として x_0 をとるとよい．あとの場合は最小値をとる点 x_1 を ξ として採用しておくとよい．

♣ ロルの定理を，連続関数の最大値，最小値の存在から導くその筋道を見てみると，ロルの定理を成立させるための関数に対する前提条件としては，"$f(x)$ は閉区間 $[a, b]$ で連続で，開区間 (a, b) で微分可能"で十分であることがわかるだろう．

ロルの定理から平均値の定理へ

ロルの定理で，関数 $f(x)$ に対し，端点 a, b における条件 $f(a) = f(b) = 0$ をおいたことは，この定理に独特な色合いを添えているが，一方，関数に対しこのような条件をおいてしまっては，この定理の適用範囲は狭いのではないかと思われるだろう．一般に閉区間 $[a, b]$ 上で定義された微分可能な関数 $f(x)$ に対して，ロルの定理

を特別の場合として含むようなもっと広い定理はないだろうか．それは次のような形で述べられる定理であって，**平均値の定理**とよばれている．

> **定理** $f(x)$ を閉区間 $[a,b]$ で定義された微分可能な関数とする．このとき a と b との間にある適当な値 ξ に対し
> $$\frac{f(b)-f(a)}{b-a}=f'(\xi) \tag{5}$$
> が成り立つ．

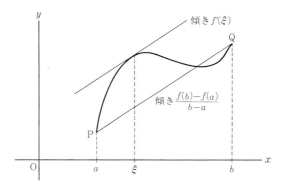

この定理がロルの定理の一般化となっていることは，もし $f(a)=f(b)=0$ ならば左辺は 0 となり，したがって $f'(\xi)=0$ をみたす ξ が a と b の間にあるという結果になるからである．

［証明］
$$F(x)=f(x)-\left\{f(a)+\frac{f(b)-f(a)}{b-a}(x-a)\right\} \tag{6}$$

とおく．$F(x)$ は図に示したように，点 $\mathrm{P}(a,f(a)), \mathrm{Q}(b,f(b))$ を結ぶ線分から，$y=f(x)$ のグラフまでの "高さ" である．図からも，あるいは代入してみてもすぐわかるように $F(a)=F(b)=0$ である．したがってロルの定理から，$a<\xi<b$ をみたす ξ で $F'(\xi)=0$ となるものが存在する．(6)を実際微分して，このことを書いてみると

$$F'(\xi)=f'(\xi)-\frac{f(b)-f(a)}{b-a}=0$$

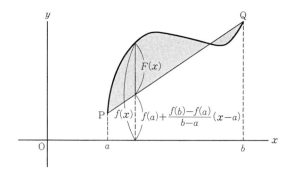

となる．これを整理すると(5)になる．　　　　　　　（証明終り）

　平均値の定理の名前の由来は，(5)の左辺は，関数 $y=f(x)$ の $x=a$ から $x=b$ までの平均変化率を表わしており，それが"ある点 ξ における"微分の値として表わされているということによっているのだろう．グラフでいえば，線分 PQ に平行な接線が，a と b の間に必ず存在しているということである．

　(5)を書き直すと
$$f(b)-f(a)=f'(\xi)(b-a), \quad a<\xi<b \qquad (7)$$
となる．さらに端点 b を，$f(x)$ が微分可能な範囲を動かして変数 x として取り扱うことにすると，式の形が動的となって

$$f(x)-f(a)=f'(\xi)(x-a), \quad a<\xi<x \qquad (8)$$

となる．（変数 x が a の左側にあるときは，(7)の式を $f(a)-f(b)=f'(\xi)(a-b)$ と書き，b を a に，a を変数 x におきかえる．このときは $x<\xi<a$ となる．）

平均値の定理の展開の方向

　このようにして，ロルの定理から平均値の定理へとたどりつくと，この定理はたとえ ξ という，何かあるはっきりしないものを取りこんでいるにしても，確かに関数そのものと，関数の微分との間の1つの関係を与えている．もっとも実際使うときには，(8)のように

一方の端点を変数 x として使うことが多いのだが，こうすると，もともと ξ のとり方は一意的にただ 1 つ決まるというものでもなかったのに（ロルの定理にさかのぼっていえば，x 軸に平行な接線を引けるところならば，どこをとってもよい！），さらに x の変化にしたがって，ξ も動き出すということになる．(8) の公式の中に現われている ξ は，a と x の間にあるという以外には捉えようのない妙なものとなっている．

私たちは x^3 を微分すると $3x^2$ になるとか，$\sin x$ を微分すると $\cos x$ になるとか，あるいは微分の規則 $(fg)' = f'g + fg'$ が成り立つなどということはよく知っている．しかし関数と導関数との本質的なつながりを示す関係式というものは，実は今まで何もなかったのである．微分の定義式の中に現われる lim の記号を取り除いてみたら，そこには，ξ という不思議なものが現われてきたというのが (8) の 1 つの読み方である．

(8) をさらに

$$f(x) = f(a) + f'(\xi)(x-a) \tag{9}$$

と書き直してみよう．いまとくに $f(x)$ が 1 次関数 $\varphi(x)$ のとき，この (9) の意味するものを考えてみよう．このとき $\varphi(x)$ を

$$\varphi(x) = A_0 + A_1(x-a)$$

と書いてみると，右辺の係数 A_0, A_1 は

$$A_0 = \varphi(a), \quad A_1 = \varphi'(a)$$

と表わすことができるから，結局この場合 (9) は

$$\varphi(x) = \varphi(a) + \varphi'(a)(x-a) \quad (\varphi\text{は1次関数！}) \tag{10}$$

となる．(9) と (10) を見くらべると，1 次関数のときに関数と導関数との間に成り立つはっきりした関係 (10) を，一般の関数に適用したところ関係式の中に新たに ξ が現われてきたということになっている．

(9) でとくに $a = 0$ とおいてみると

$$f(x) = f(0) + f'(\xi)x$$

となる．この関係をじっと見て，第 1 週での話を思い出すと，この

式は，関数とベキ級数との関係を示す最初の旅立ちを告げる式ともみえてくるだろう．

次のステップへ移ると

$$f(x) = f(0) + f'(0)x + \frac{1}{2}f''(\xi)x^2$$

という関係式が得られるかもしれない．明日示すように実際この式は正しいのである．さらにこの旅を続けていくと，そこにはどんな景色が展開してくるだろうか．それは明日の話の主題となる．

歴史の潮騒

ロルの定理は現在でこそ微分の理論的な構成の中心にあって有名だが，この定理の発見者であるフランスの数学者ミシェル・ロル（1652-1719）は，この定理を1691年に出版したそれほど有名でない著作『方程式の解法』の中で，方程式の近似解に関連して簡単に述べていたにすぎない．無限小の解釈をめぐって，フランス科学アカデミーは1700年前後には微積分を批判する立場をとっていたが，その中にあって，ロル自身も最初は，微積分は巧妙な誤謬の寄せ集めにすぎないといっていた．それはライプニッツが無限小量を記号として取り出し，変量としてではなく確定した値であるかのようにして取り扱ったことに対する批判であったようであるが，ロルは，のちにはその見解を変えたようである．

いまになれば，ロルの定理から平均値の定理への移行は一足とびであるが，実際は平均値の定理を定式化するのには長い時間を要したのである．1791年に出版されたラグランジュの『解析関数論』の第49節に，平均値の定理の原型が最初に示されているといわれているが，実際はその表現は非常に晦渋なものである（これについては，小堀憲『数学の歴史；18世紀の数学』（共立出版）を参照して頂きたい）．

1680年代に微積分が誕生してすでに100年以上たった時点でも，平均値の定理はまだ確定していなかったのである．一方，18世紀

末までに，微積分を実際問題に――種々の極値問題，解析力学，振動問題等に――適用する方法は，十分成熟し，完成の域に達していた．

平均値の定理が，ここで述べたような明快な形で微積分の檜舞台に上がるようになったのは，コーシーが，1820年代に著わした解析教程に関する3つの著書の中からであった．コーシーは，関数の微分の定義を，現在ふつう述べられているような形で定式化し，そこから出発して，"解析教程"のスタンダード・コースを創り上げていった．その過程で平均値の定理も登場してくるのであるが，それは現在"コーシーの平均値の定理"とよばれる，次のような一般化された形であった．

> ［コーシーの平均値の定理］閉区間 $[a,b]$ で微分可能な2つの関数 $f(x), g(x)$ が，次の2つの条件をみたしているとする：
>
> （i） $g(a) \neq g(b)$
>
> （ii） $f'(x), g'(x)$ は同時に0になることはない．
>
> このとき，$a < \xi < b$ をみたす適当な ξ をとると
>
> $$\frac{f(b)-f(a)}{g(b)-g(a)} = \frac{f'(\xi)}{g'(\xi)}$$
>
> が成り立つ．

コーシーの平均値の定理で，$g(x)=x$ の場合が，ちょうど平均値の定理になっている．

♣ この定理の証明は
$$F(x) = \{g(b)-g(a)\}f(x) - \{f(b)-f(a)\}g(x)$$
とおくと，$F(a)=F(b)$ となるから，これにロルの定理を適用する．

先生との対話

明子さんがロルの定理と平均値の定理を見くらべてひとこと感想を述べた．

「ロルの定理では，$f(a)=f(b)=0$ という条件がありますから，

端点 a と b は，定理の中でいわばしっかり固定されている感じです．ロルの定理と平均値の定理は，親子か兄弟のような関係だと思うのですが，平均値の定理になると，端点を変数 x として動かすことができて，$f(x)=f(a)+f'(\xi)(x-a)$ という形で表わすことができます．親から生まれた子供が突然変身したようで不思議ですね．」

先生が明子さんの感想を補った．

「そうですね．数学では時々，見かけは1つの定理を書きかえたにすぎないようなものでも，それが数学を飛躍させる跳躍台となることがあります．ロルの定理から平均値の定理への移行はそうした性格のものでしょう．どれだけ飛躍したかは，たとえば明子さんの書いた式 $f(x)=f(a)+f'(\xi)(x-a)$ を見て，この生みの親がロルの定理であったと察することがむずかしいことからもわかります．」

山田君は，今日のノートを見返して，連続性から平均値の定理までのことを，しっかりと覚えておこうとしていたようだったが，突然1つの新しいことが閃めいたようで，質問をはじめた．

「平均値の定理を

$$\frac{f(x)-f(a)}{x-a} = f'(\xi), \quad a<\xi<x \qquad (11)$$

と表わして，ここで x を a にどんどん近づけてみると，左辺は $f'(a)$ に近づきます．これは微分の定義ですね．このとき右辺を見てみますと，ξ は a と x の間に挟まれているのですから，やはり $\xi \to a$ となります．したがって，この右辺の極限値が左辺の極限に等しいという結果を書いてみると $\lim_{\xi \to a} f'(\xi)=f'(a)$．いまは x が a の右から近づく場合を考えましたが，$f(x)$ が a の近くで微分可能ならば，同じような考えで，左から近づいても同じ結論が得られます．ということは，$f'(x)$ はいつでも連続関数になるということですね．」

皆が山田君のはっきりした話の内容に，先生はどう答えられるのだろうと，先生の方に視線を向けたとき，先生はまったく予想していなかった答をされた．

「残念ですが，山田君の推論は正しくないのです．山田君の推論は，微妙な点に間違いがあります．そういってもこれはなかなか気がつかないかもしれません．

（11）の右辺に現われる ξ は a と x の間にある値ですが，これは x が a に近づいていくとき，本当に数直線上を連続的な変数として走って a に近づいていくのかどうかよくわからないのです．x を決めたとき，ξ のとり方は一通りに決まるとも限りません．飛び石を伝わるような特別な１つの近づき方で ξ が a に近づいたとき，$f'(\xi) \to f'(a)$ になったからといっても，$\lim_{\xi \to a} f'(\xi) = f'(a)$ であるという結論を導くわけにはいきません．連続性とは，ξ が a にどんな近づき方をしても，ξ が a の一定範囲の中に入れば（$|\xi - a| < \delta$ ならば）$f'(\xi)$ の値は $f'(a)$ に近くなる（$|f'(\xi) - f'(a)| < \varepsilon$ となる）ということなのです．

すなわち，x が a に近づくとき，$f'(x)$ の極限値が存在するかどうかはっきりしないのに，（11）の式で $x \to a$ としたところが，山田君の推論の正しくなかった点でした．」

山田君は先生の話を注意深く聞いていたが，

「そうすると，ぼくのいったことは，"もし $\lim_{x \to a} f'(x)$ が存在するならば，この値は $f'(a)$ に等しくなる" といえば，正しい結果となるのでしょうか．」

と確かめてみた．

「そうです．それは正しい結果で，平均値の定理から導かれる１つの定理であるということになります．山田君は，この定理を自分で見つけたということになります．」

誰かが「山田の定理か」といったので，先生は大急ぎで「いいえ，これはもちろんよく知られている定理です．」と打ち消された．

かず子さんが，ちょっと首をかしげながら質問した．

「$f(x)$ は微分可能で，だから導関数 $f'(x)$ を考えることができるのに，$f'(x)$ が連続とならない例などあるのですか．」

先生が

「そのような関数はたくさんありますが，よく引用される例は

$$\varphi(x) = \begin{cases} x^2 \sin\dfrac{1}{x} & x \neq 0 \\ 0 & x = 0 \end{cases}$$

です．このとき $\varphi(x)$ は微分可能な関数で

$$\varphi'(x) = \begin{cases} 2x\sin\dfrac{1}{x} - \cos\dfrac{1}{x} & x \neq 0 \\ 0 & x = 0 \end{cases}$$

となりますが，$\lim_{x\to 0} \varphi'(x)$ は存在しないので，$\varphi'(x)$ は $x=0$ で不連続となります．このことは問題として，皆に確かめてもらうことにしましょう．」
と答えられた．

問題

[1] $f(x), g(x)$ を連続関数とするとき，$f(x)+g(x), f(x)-g(x), f(x)g(x)$ も連続関数となることを示しなさい．また $g(x) \neq 0$ ならば，$\dfrac{f(x)}{g(x)}$ も連続関数となることを示しなさい．

[2] $0 < a < x$ とする．
 (1) $f(x) = x^2$ のとき
$$f(x) = f(a) + f'(\xi)(x-a)$$
となる ξ を求めなさい．
 (2) $f(x) = x^3$ のとき
$$f(x) = f(a) + f'(\xi)(x-a)$$
となる ξ を求めなさい．

[3] どんな x に対しても
$$-\frac{1}{2} \leqq \frac{\sin x - 1}{2x - \pi} \leqq \frac{1}{2}$$
が成り立つことを示しなさい．

[4] $\varphi(x)$ を次のような関数とする．
$$\varphi(x) = \begin{cases} x^2 \sin\dfrac{1}{x} & x \neq 0 \\ 0 & x = 0 \end{cases}$$
 (1) $y = \varphi(x)$ のグラフはどんな形になりますか．

(2) $\varphi'(x)$ を求めなさい．
(3) $\varphi'(x)$ は $x=0$ では不連続であることを示しなさい．

お茶の時間

質問 以前

$$\lim_{x \to 0} \frac{1-\cos x}{x^2}$$

の値を求めなさい，という問題を家で兄さんに聞いたとき，「こういうときは，分母と分子をそれぞれ微分してその極限値を求めるとよいのさ，だから答は

$$\lim_{x \to 0} \frac{\sin x}{2x} = \frac{1}{2} \lim_{x \to 0} \frac{\sin x}{x} = \frac{1}{2}$$

となる」と教えてもらったことがあります．でもそのとき兄さんは，なぜこうして答が求められるのかは説明してくれませんでした．このことについて教えて頂けませんか．

答 このような方法で極限値を求める方法をふつう"不定形の極限"といって引用しているが，ときどき間違って使う人もいるので，この裏づけとなる定理の形と，その証明は知っておいた方がよいだろう．

不定形の極限を用いる一般的な状況は，$f(a)=g(a)=0$ で，$\lim_{x \to a} f'(x)$, $\lim_{x \to a} g'(x)$ が存在するとき，

$$\lim_{x \to a} \frac{f(x)}{g(x)}$$

を求めよ，というタイプの問題を解くときに生ずる．このとき[コーシーの平均値の定理]を使ってみると——この定理につけてあった補足的な条件は大体の場合成り立っているからここでは無視しておくと——，$f(a)=g(a)=0$ によって

$$\frac{f(x)}{g(x)} = \frac{f(x)-f(a)}{g(x)-g(a)} = \frac{f'(\xi)}{g'(\xi)}, \quad a<\xi<x$$

となる（x は a の右にあるとする）．ここで $x \to a$ とすると仮定から

$\lim\limits_{x\to c} f'(x)$ と $\lim\limits_{x\to a} g'(x)$ は存在しているから，この右辺の値は

$$\lim_{x\to a} \frac{f'(x)}{g'(x)}$$

と書いてもよいことになる．これでこの場合

$$\lim_{x\to a} \frac{f(x)}{g(x)} = \lim_{x\to a} \frac{f'(x)}{g'(x)}$$

が成り立つことが証明された．

火曜日
テイラーの定理

先生の話

　昨日は，平均値の定理を述べたあと，平均値の定理が展開していく方向に少し触れました．今日はその方向へ話を進めていくことになるのですが，そのはじまりとなる部分をもう少し話しておくことにしましょう．

　関数 $f(x)$ が1次式 A_0+A_1x のときには
$$f(x) = A_0+A_1x = f(0)+f'(0)x \qquad (1)$$
と表わされます．$A_0=f(0)$ は，この関数の y 軸の切片が A_0 であることを示し，$A_1=f'(0)$ は，A_1 は $x=0$ におけるこの関数のグラフ（直線）の傾きとなっていることを示します．

　関数 $f(x)$ が2次式 $A_0+A_1x+A_2x^2$ のときには，逐次微分して $x=0$ とおくことにより
$$f(x) = A_0+A_1x+A_2x^2 = f(0)+f'(0)x+\frac{1}{2!}f''(0)x^2 \quad (2)$$
となることがわかります（第1週土曜日参照）．このとき，x^2 の係数は
$$A_2 = \frac{1}{2!}f''(0)$$
となっていますが，このことをグラフの幾何学的な性質からすぐによみとることはむずかしいでしょう．

　関数 $f(x)$ が3次式 $A_0+A_1x+A_2x^2+A_3x^3$ のとき，同様の考察を繰り返すと
$$\begin{aligned}f(x) &= A_0+A_1x+A_2x^2+A_3x^3\\ &= f(0)+f'(0)x+\frac{1}{2!}f''(0)x^2+\frac{1}{3!}f'''(0)x^3 \qquad (3)\end{aligned}$$
となります．こんどは，x^3 の係数 A_3 は
$$A_3 = \frac{1}{3!}f'''(0)$$
と表わされます．このように整式の次数が上がるにつれ，その係数

はしだいに高階の導関数を用いて表わされていくことになります．

　ここに高階導関数の1つの素顔が見えてきたといってよいのかもしれません．3階以上の高階導関数は，グラフの形状について，ほとんど何も情報をもたらさなくなってきます．しかし整式の場合にはそれに代って，高階導関数の値は，整式の次数を徐々に上げていくとき，新しくでてくる高次の項の係数と，微妙な規則性を示しながら関係してきます．

　この関係の方に眼を向けてくると，微分の考えの出発点にあったグラフの接線という見方が薄れてきて，微分は，関数に対する1つの演算であるという視点が強まってきます．たとえば

$$x^4 \xrightarrow{微分する} 4x^3 \xrightarrow{微分する} 12x^2 \xrightarrow{微分する} 24x \xrightarrow{微分する} 24$$

という系列は，"微分演算"として見る限り何の抵抗もありませんが，これにグラフの意味をつけようとすると厄介なことになるでしょう．

　微分演算を繰り返して，しだいしだいに高階の導関数を求めていく過程の中で，私たちの視線は，いつの間にかグラフや座標平面とはまったく切り離されてきて，何か別の所へと移されていったことに気がつくでしょう．その別の所とは，あえていえば，微分という関数に対する働きかけそのものであるといってよいのでしょう．関数の背景からグラフが消え，かわって微分演算がいきいきと働き出してきたのです．この状況は，整数や実数に四則演算が働くような状況にむしろ近いのかもしれません．そしてそこに，まだかすかかもしれませんが，解析的なものと代数的なものを結びつける糸がみえてくるのです．

　もっとも，整式から離れて，一般の関数を考察するときにはこの糸は見えにくくなります．それでも平均値の定理は(1)の代りに

$$f(x) = f(0) + f'(\xi)x, \quad 0 < \xi < x$$

とおくと，この式は一般の関数でも成り立つことを示しています．ξという，はっきりしない数がここに登場してきたことが，代数の世界から，微分の世界への移行を意味しています．

実は，2次式の場合の(2)の代りに

$$f(x) = f(0) + f'(0)x + \frac{1}{2!}f''(\xi)x^2, \quad 0 < \xi < x$$

を考えると，これは等式として一般の関数に対しても成り立ちます——もっとも ξ を含んでいますが．3次式(3)との類似でいえば，

$$f(x) = f(0) + f'(0)x + \frac{1}{2!}f''(0)x^2 + \frac{1}{3!}f'''(\xi)x^3, \quad 0 < \xi < x$$

という公式も成り立ちます．

さらに，すぐあとで示すように，より一般に任意の関数は，ξ というはっきりとは捉えにくい数を最終項の中に含むとしても，n 次式のような表わし方が可能となってきます．どんな関数でも，**n 次式のように書き表わすことができる**ということは，考えてみると不思議なことではないでしょうか．この不思議な結果——テイラーの定理——を述べることが今日の最初の主題となります．

滑らかな関数

私たちがこれから考える関数は，何回でも微分できる滑らかな関数とよばれる関数である．このことについてまず説明しておこう．

連続な関数であって，微分することのできないもっとも簡単な例は

$$\varphi(x) = |x|$$

である．この関数のグラフは，原点で折れ曲がっていて微分できない．したがって

$$\varphi_1(x) = \int_0^x \varphi(x)dx = \begin{cases} -\dfrac{x^2}{2} & x \leqq 0 \\ \dfrac{x^2}{2} & x \geqq 0 \end{cases}$$

とおくと，$\varphi_1'(x) = \varphi(x)$ となり，$\varphi_1'(x)$ はもう一度微分することはできなくなる．

そこで次に

$$\varphi_2(x) = \int_0^x \varphi_1(x)dx = \begin{cases} -\dfrac{1}{6}x^3 & x \leqq 0 \\ \dfrac{1}{6}x^3 & x \geqq 0 \end{cases}$$

とおくと，$\varphi_2'(x)(=\varphi_1(x))$，$\varphi_2''(x)(=\varphi(x))$ は存在するが，しかし $\varphi_2''(x)$ をもう一度微分することはできなくなる．

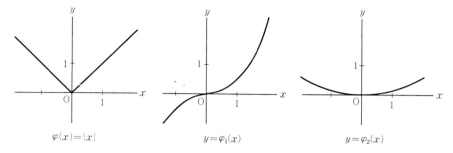

$\varphi(x)=|x|$　　　　$y=\varphi_1(x)$　　　　$y=\varphi_2(x)$

このように，一般に，n 階までの微分ができる関数でも，$n+1$ 階の微分はできないようなものは，たくさん存在している．しかし，私たちがこれから考えようとするテーマに対しては，このような関数まで考察の対象に加えるのは適当でない．そのため，私たちは次のような性質をもつ関数に視線を向けることにしよう．

> **定義** 関数 $f(x)$ が，考えている範囲で，何回でも微分できるとき，$f(x)$ を**滑らかな関数**という．

$f(x)$ が滑らかな関数ならば，私たちは高階導関数の系列

$$f(x) \xrightarrow{\text{微分する}} f'(x) \xrightarrow{\text{微分する}} f''(x) \xrightarrow{\text{微分する}} \cdots \xrightarrow{\text{微分する}} f^{(n)}(x) \xrightarrow{\text{微分する}} \cdots$$

をどこまでも考えることができる．$f^{(n)}(x)$ は微分できる関数なのだから，$f^{(n)}(x)$ はもちろん連続な関数となっている．

私たちは，第1週土曜日の話から，ベキ級数で表わされる関数は，収束域の内部では滑らかな関数となっていることをすでに知っている（第1週，114頁参照）．

テイラーの定理

次の定理を**テイラーの定理**という.

> **定理** $f(x)$ を閉区間 $[a,b]$ を含むある範囲で定義された滑らかな関数とする. n を自然数とする. そのとき, $a<\xi<b$ をみたす ξ を適当にとると
> $$f(b) = f(a) + \frac{1}{1!}f'(a)(b-a) + \frac{1}{2!}f''(a)(b-a)^2 + \cdots$$
> $$+ \frac{1}{(n-1)!}f^{(n-1)}(a)(b-a)^{n-1} + \frac{1}{n!}f^{(n)}(\xi)(b-a)^n$$
> (4)
>
> が成り立つ.

[証明] 証明にはロルの定理を使うが, それには少し工夫がいる. まず

$$R_n = f(b) - \left\{ f(a) + \frac{1}{1!}f'(a)(b-a) + \frac{1}{2!}f''(a)(b-a)^2 + \cdots \right.$$
$$\left. + \frac{1}{(n-1)!}f^{(n-1)}(a)(b-a)^{n-1} \right\} \quad (5)$$

とおく. R_n は1つの実数である. 定理を示すには, この R_n が適当な ξ ($a<\xi<b$) をとることにより

$$R_n = \frac{1}{n!}f^{(n)}(\xi)(b-a)^n$$

と表わすことができることをみるとよい. このとき(5)を移項して整理すると証明すべき式(4)になる.

そこで

$$R_n = \frac{1}{n!}(b-a)^n \lambda \quad (6)$$

とおいて, λ が $f^{(n)}(\xi)$ と表わされることを示すことにする. そのため関数

$$F(x) = f(x) + \frac{1}{1!}f'(x)(b-x) + \frac{1}{2!}f''(x)(b-x)^2 + \cdots$$
$$+ \frac{1}{(n-1)!}f^{(n-1)}(x)(b-x)^{n-1} + \frac{1}{n!}(b-x)^n\lambda \quad (7)$$

を考える．$F(x)$ は $[a,b]$ 上で定義された滑らかな関数だが，さらに次の式が成り立つ．

$$F(b) = f(b)$$
$$F(a) = f(b)$$

1番目の式は明らかだが，2番目の式は(5)と(6)からでる．

したがって関数 $F(x)-f(b)$ は，$x=a, x=b$ で0となり，ロルの定理を使うことができて，適当な ξ ($a<\xi<b$) をとると

$$F'(\xi) = 0$$

となることがわかる．

実際，(7)を微分してみると，次々と打ち消し合う項がでて

$$F'(x) = f'(x) + \left\{\frac{1}{1!}f''(x)(b-x) - \frac{1}{1!}f'(x)\right\}$$

$$+ \left\{\frac{1}{2!}f'''(x)(b-x)^2 - \frac{1}{1!}f''(x)(b-x)\right\} + \cdots\cdots$$

$$+ \left\{\frac{1}{(n-1)!}f^{(n)}(x)(b-x)^{n-1} - \frac{1}{(n-2)!}f^{(n-1)}(x)(b-x)^{n-2}\right\}$$

$$- \frac{1}{(n-1)!}(b-x)^{n-1}\lambda$$

$$= \frac{1}{(n-1)!}(b-x)^{n-1}(f^{(n)}(x) - \lambda)$$

したがって，$a<\xi<b$ に注意すると，$F'(\xi)=0$ から

$$\lambda = f^{(n)}(\xi)$$

が得られた．これで証明が終った．　　　　　　　　　　（証明終り）

端点の一方を変数とする

テイラーの定理で，最初に閉区間 $[a,b]$ を考えるとしたために，

$a<b$ という条件がついてしまった．しかしもちろんこの条件は本質的なことではなく，$b<a$ でも同じ形の定理が成り立つ．証明は上と同じである．ただ $a<b$ のとき，ξ は $a<\xi<b$ となり，$b<a$ のときには，ξ は $b<\xi<a$ となる．この2つの場合をまとめて書くには

$$\xi = a+\theta(b-a), \quad 0<\theta<1$$

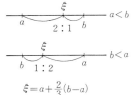

$$\xi = a+\tfrac{2}{3}(b-a)$$

とするとよい．θ は，a から b へ進むとき，a と b の間を1としたとき，ξ が θ-地点にあることを示す数である．たとえば θ が $\dfrac{2}{3}$ ならば，a から b へ向かってちょうど $\dfrac{2}{3}$ の地点に ξ が位置していることになる．

さて，テイラーの定理で端点 b を変数 x として，$f(x)$ が定義されている区間の中を勝手に動かすことにすると，x は a の左右を自由に動くことができて，テイラーの定理は，関数 $f(x)$ が

$$f(x) = f(a)+\frac{1}{1!}f'(a)(x-a)+\frac{1}{2!}f''(a)(x-a)^2+\cdots$$
$$+\frac{1}{(n-1)!}f^{(n-1)}(a)(x-a)^{n-1}+\frac{1}{n!}f^{(n)}(\xi)(x-a)^n \quad (8)$$

($\xi=a+\theta(x-a)$, $0<\theta<1$) と表わされることを示している．この ξ を含む右辺の最後の項を

$$R_n = \frac{1}{n!}f^{(n)}(\xi)(x-a)^n$$

とおいて，**剰余項**ということがある．剰余項というのは，上式を

$$f(x) = (n-1 \text{次の整式})+R_n$$

と書いてみると，$f(x)$ を $n-1$ 次の整式としてスタンダードの形で表わそうとすると，その余りが R_n となることを示しているからである．

私たちが第1週から引き続いて考えている主題，整式とベキ級数という立場では，テイラーの定理でとくに $a=0$ の場合に注目する必要がある．このとき，(8)の式で，ξ は

$$\xi = \theta x, \quad 0<\theta<1$$

と表わされることになる．したがって次の公式が成り立つ．

$$f(x) = f(0) + \frac{f'(0)}{1!}x + \frac{f''(0)}{2!}x^2 + \cdots + \frac{f^{(n-1)}(0)}{(n-1)!}x^{n-1}$$
$$+ \frac{f^{(n)}(\theta x)}{n!}x^n$$

ただし，$0<\theta<1$ である．これを**マクローランの定理**ということもある．

いくつかの例

（Ⅰ） $f(x)$ が n 次の整式のとき
$$f(x) = A_0 + A_1 x + \cdots + A_n x^n \tag{9}$$
とすると，$f^{(n)}(x) = n! A_n = $ 定数 である．この定数は $x=0$ とおいた値 $f^{(n)}(0)$ に等しい．したがって $f^{(n)}(\theta x) = f^{(n)}(0)$ である．このときマクローランの定理は
$$f(x) = f(0) + \frac{f'(0)}{1!}x + \frac{f''(0)}{2!}x^2 + \cdots + \frac{f^{(n)}(0)}{n!}x^n$$
となる．この結果はもちろん，(9)の両辺を逐次微分して $x=0$ とおくことにより得られる．

（Ⅱ） $f(x) = e^x$

$(e^x)' = e^x$ により，$f(x) = e^x$ とおくと
$$f(0) = f'(0) = \cdots = f^{(n-1)}(0) = e^0 = 1, \quad f^{(n)}(\theta x) = e^{\theta x}$$
となる．したがって
$$e^x = 1 + \frac{1}{1!}x + \frac{1}{2!}x^2 + \cdots + \frac{1}{(n-1)!}x^{n-1} + \frac{e^{\theta x}}{n!}x^n, \quad 0<\theta<1 \tag{10}$$

となる．

（Ⅲ） 三角関数 $\sin x$, $\cos x$

このとき高階の微分を順次行なっていくと，4周期で変化する．したがって $x=0$ とおくと対応して関数の値は $0, 1, 0, -1$ と4周期で変化する．このことから

矢印は"微分する"

$$\sin x = x - \frac{x^3}{3!} + \frac{x^5}{5!} - \cdots + (-1)^{n-1}\frac{x^{2n-1}}{(2n-1)!} + R_{2n}$$

$$R_{2n} = (-1)^n \frac{\sin\theta x}{(2n)!} x^{2n}, \quad 0 < \theta < 1 \tag{11}$$

$$\cos x = 1 - \frac{x^2}{2!} + \frac{x^4}{4!} - \cdots + (-1)^n \frac{x^{2n}}{(2n)!} + \tilde{R}_{2n+1}$$

$$\tilde{R}_{2n+1} = (-1)^{n+1} \frac{\sin\theta x}{(2n+1)!} x^{2n+1}, \quad 0 < \theta < 1 \tag{12}$$

となることがわかる.

(Ⅳ) 対数関数 $\log(1+x)$

$f(x) = \log(1+x)$ を順次微分していくと

$$f'(x) = \frac{1}{1+x},\ f''(x) = \frac{-1}{(1+x)^2},\ f'''(x) = \frac{2!}{(1+x)^3},\ \cdots,$$

$$f^{(n)}(x) = \frac{(-1)^{n+1}(n-1)!}{(1+x)^n}$$

となる. したがって

$$f(0) = 0,\ f'(0) = 1,\ f''(0) = -1,\ f'''(0) = 2!,\ \cdots,$$
$$f^{(n)}(0) = (-1)^{n+1}(n-1)!$$

であり, これから

$$\log(1+x) = x - \frac{1}{2!}x^2 + \frac{2!}{3!}x^3 - \frac{3!}{4!}x^4 + \cdots + (-1)^n \frac{(n-2)!}{(n-1)!}x^{n-1}$$

$$+ \frac{(-1)^{n+1}(n-1)!}{n!(1+\theta x)^n}x^n$$

$$= x - \frac{1}{2}x^2 + \frac{1}{3}x^3 - \frac{1}{4}x^4 + \cdots + (-1)^n \frac{1}{n-1}x^{n-1}$$

$$+ (-1)^{n+1}\frac{1}{n}\frac{1}{(1+\theta x)^n}x^n, \quad 0 < \theta < 1 \tag{13}$$

が得られる.

(Ⅴ) $(1+x)^\alpha$ (α は実数)

このときマクローランの定理における剰余項 R_n は

$$R_n = \frac{\alpha(\alpha-1)\cdots(\alpha-n+1)}{n!}(1+\theta x)^{\alpha-n}x^n$$

となり,したがって

$$(1+x)^\alpha = 1+\alpha x+\frac{\alpha(\alpha-1)}{2!}x^2+\frac{\alpha(\alpha-1)(\alpha-2)}{3!}x^3+\cdots+$$

$$\frac{\alpha(\alpha-1)\cdots(\alpha-n+2)}{(n-1)!}x^{n-1}+\frac{\alpha(\alpha-1)\cdots(\alpha-n+1)}{n!}(1+\theta x)^{\alpha-n}x^n,$$

$$0<\theta<1$$

となる.

ベキ級数として表わされる関数

このマクローランの定理から,私たちは,どのような関数がベキ級数として表わされるかという問題に対して,1つの見晴らしのよい場所に立つことができるようになった.すなわち次の定理が,そのような場所を与えている.

> **定理** $f(x)$ を,$x=0$ を含むある区間で定義された滑らかな関数とし,$f(x)$ を
>
> $$f(x)=f(0)+\frac{f'(0)}{1!}x+\frac{f''(0)}{2!}x^2+\cdots+\frac{f^{(n-1)}(0)}{(n-1)!}x^{n-1}$$
> $$+\frac{f^{(n)}(\theta x)}{n!}x^n$$
>
> ($0<\theta<1$)と表わす.もしこの剰余項
>
> $$R_n = \frac{f^{(n)}(\theta x)}{n!}x^n$$
>
> が,開区間 $(-r,r)$ に属するすべての x に対して,$n\to\infty$ のとき 0 に近づくならば,$f(x)$ は $(-r,r)$ でベキ級数
>
> $$f(x)=f(0)+\frac{f'(0)}{1!}x+\frac{f''(0)}{2!}x^2+\cdots+\frac{f^{(n)}(0)}{n!}x^n+\cdots \quad (14)$$
>
> と表わされる.

証明は $x \in (-r, r)$ をとめたとき，$n \to \infty$ で
$$R_n = f(x) - \left\{ f(0) + \frac{f'(0)}{1!}x + \cdots + \frac{f^{(n-1)}(0)}{(n-1)!}x^{n-1} \right\} \longrightarrow 0$$
となることから明らかだろう．

この定理が成り立つとき，(14)を $f(x)$ の**マクローラン展開**という．

逆にある関数 $f(x)$ がベキ級数として
$$f(x) = a_0 + a_1 x + \cdots + a_n x^n + \cdots \qquad (15)$$
と表わされていれば，第1週土曜日で述べたように，$f(x)$ は収束域の内部で滑らかな関数であり，また係数 a_n は
$$a_n = \frac{f^{(n)}(0)}{n!} \quad (n = 0, 1, 2, \cdots)$$
と表わされている（$0! = 1$ とおいている）．したがって(15)は $f(x)$ のマクローラン展開を与えている．(15)をマクローランの定理の形に合わせて書くと
$$f(x) = f(0) + \frac{f'(0)}{1!}x + \cdots + \frac{f^{(n-1)}(0)}{(n-1)!}x^{n-1} + R_n$$
$$R_n = \frac{x^n}{n!} \left\{ f^{(n)}(0) + \frac{f^{(n+1)}(0)}{n+1}x + \frac{f^{(n+2)}(0)}{(n+1)(n+2)}x^2 + \cdots \right\}$$
となる．いまの場合この { } の中が $f^{(n)}(\theta x)$ の正体を示している！ もちろん $R_n = a_n x^n + a_{n+1} x^{n+1} + \cdots$ だから，収束域の内部にある x に対しては，$R_n \to 0$ となっている．

いままで述べてきたことをまとめて，標語的に簡単に表わせば次のようになる．

> 原点を含む区間で定義された関数
> $f(x)$ がベキ級数で表わされる
> $\Updownarrow$
> (a) $f(x)$ は滑らかな関数
> (b) $R_n \longrightarrow 0 \ (n \to \infty)$

そしてこのベキ級数はマクローラン展開となっている．

マクローラン展開の例

"いくつかの例"で取り上げた関数の剰余項の $n\to\infty$ のときの状況を調べて，$e^x, \sin x, \cos x, \log(1+x)$ はマクローラン展開が可能であることをみることにしよう．

（Ⅰ）指数関数 e^x

(10)を見ると，剰余項は

$$R_n = \frac{e^{\theta x}}{n!}x^n, \quad 0<\theta<1$$

となっていることがわかる．$x>0$ のときは

$$0 < R_n < e^x \frac{x^n}{n!} \tag{16}$$

であり，$x<0$ のときは

$$|R_n| < \frac{|x|^n}{n!}$$

である．いま1つの実数 x をとって，それをとめて考えることにする．したがって(16)の右辺に現われている e^x も定数と考えることになる．一方，自然数 N を十分大きくとって，$2|x|<N$ のようにしておくと

$$n>N \text{ ならば } \frac{|x|^n}{n!} = \frac{|x|\cdot|x|\cdots\cdot|x|}{1\cdot 2\cdots\cdot N}\frac{|x|}{N+1}\frac{|x|}{N+2}\cdots\frac{|x|}{n}$$
$$< \frac{|x|^N}{N!}\left(\frac{1}{2}\right)^{n-N}$$

から，$n\to\infty$ のとき $\frac{|x|^n}{n!}\to 0$ となる．このことから，$|R_n|\to 0\ (n\to\infty)$ が，すべての x で成り立つことがわかる．

したがってすべての実数 x に対して，マクローラン展開

$$e^x = 1 + \frac{1}{1!}x + \frac{1}{2!}x^2 + \frac{1}{3!}x^3 + \cdots + \frac{1}{n!}x^n + \cdots$$

が成り立つ(第1週土曜日"例"(a)参照)．

（Ⅱ）$\sin x, \cos x$

$\sin x, \cos x$ の剰余項(11), (12)を見ると，その絶対値はやはりいつでも

$$\frac{|x|^n}{n!}$$

で押えられていることがわかる．したがってどんな x をとっても，$n \to \infty$ のとき剰余項は 0 に収束する．したがってまた $\sin x, \cos x$ は，すべての実数 x に対して，マクローラン展開が可能であって，

$$\sin x = x - \frac{x^3}{3!} + \frac{x^5}{5!} - \frac{x^7}{7!} + \cdots + (-1)^n \frac{x^{2n+1}}{(2n+1)!} + \cdots$$

$$\cos x = 1 - \frac{x^2}{2!} + \frac{x^4}{4!} - \frac{x^6}{6!} + \cdots + (-1)^n \frac{x^{2n}}{(2n)!} + \cdots$$

と表わされる（第1週土曜日"例"(b)参照）．

（Ⅲ） $\log(1+x)$

このときは第1週土曜日"例"の(c)で，$-1<x<1$ で

$$\log(1+x) = x - \frac{x^2}{2} + \frac{x^3}{3} - \cdots + (-1)^{n+1} \frac{x^n}{n} + \cdots$$

となることを証明してあり，このことから逆に $-1<x<1$ で $R_n \to 0$ $(n \to \infty)$ となり，$\log(1+x)$ はこの範囲でマクローラン展開可能であることがわかる．剰余項 R_n の具体的な形は(13)から

$$R_n = (-1)^{n+1} \frac{x^n}{n(1+\theta x)^n}$$

である．しかし微妙な論点だが，いまの場合この剰余項の形だけを用いて，$-1<x<1$ で，$R_n \to 0$ を導くことはむずかしい．実際証明の困難な場所は，$-1<x<-\frac{1}{2}$ で $R_n \to 0$ を示すところから生ずる．その理由を説明してみよう．θ は，x と n によっていろいろに変わる"不定数"であって，私たちはこれについては $0<\theta<1$ という情報しかない．したがって $R_n \to 0$ の証明にあたっては θ が 1 にごく近い状況も想定しておかなくてはならない．しかしこの想定に立って，$\theta \fallingdotseq 1$ とおいてみると，たとえば $x = -\frac{2}{3}$ で，剰余項 R_n は

$$|R_n| \sim \frac{1}{n} \frac{\left(\frac{2}{3}\right)^n}{\left(1-\frac{2}{3}\right)^n} = \frac{2^n}{n} \longrightarrow \infty \quad (n\to\infty)$$

となってしまう．実際は $\theta \fallingdotseq 1$ ではなくて $-1<x<-\frac{1}{2}$ では，θ は 0 に近い値となっていて $|R_n|\to 0$ を保証するのだろう．剰余項 R_n の中で形式的に θ と書いていると，いつの間にか θ は定数のようにみえてくるが，実際は θ の動向は，x と n によって複雑に変わるのであって，いま述べたことは，それに対する注意を喚起することになったかもしれない．

なお $x=1$ で，剰余項 R_n は

$$R_n = \frac{1}{n} \frac{1}{(1+\theta)^n} < \frac{1}{n} \longrightarrow 0 \quad (n\to\infty)$$

となり，$x=1$ でも $\log(1+x)$ のベキ級数は収束していることがわかる．このことから，公式

$$\log 2 = 1 - \frac{1}{2} + \frac{1}{3} - \frac{1}{4} + \cdots + (-1)^{n+1}\frac{1}{n} + \cdots$$

が成り立つことがわかる．

逆三角関数

逆三角関数について簡単にここで触れておこう．$y=\sin x$ は，$-\frac{\pi}{2}\leqq x\leqq\frac{\pi}{2}$ で単調増加な関数だから，x と y とは 1 対 1 に対応している．したがって y に対して逆に x を対応させることができる．この対応を $x=\sin^{-1}y$ とおき，さらにここで関数表記らしく，x と y をとりかえて $y=\sin^{-1}x$（$-\frac{\pi}{2}\leqq y\leqq\frac{\pi}{2}$）と書くと，ここに1つの関数が得られる．これを $\sin x$ の**逆関数**といい，ふつうサイン・インバース(sine inverse)とよんでいるようである．基本的な関係は

$$y=\sin^{-1}x \iff x=\sin y \quad \left(-\frac{\pi}{2}\leqq y\leqq\frac{\pi}{2}\right)$$

に要約されている．

$y=\sin^{-1}x$ のグラフは，$-\dfrac{\pi}{2}$ から $\dfrac{\pi}{2}$ までの間の $y=\sin x$ のグラフを $y=x$ に関して対称に移したものになっている．

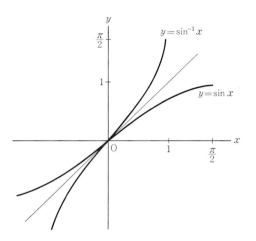

$y=\sin^{-1}x$ の導関数を求めてみよう．そのためには合成関数の微分の規則を用いて

$$y = \sin^{-1}(\sin y)$$

の両辺を y で微分してみるとよい．その結果は

$$1 = \dfrac{d(\sin^{-1}x)}{dx}\bigg|_{x=\sin y} \dfrac{d(\sin y)}{dy} = \dfrac{d(\sin^{-1}x)}{dx} \times \cos y$$

となるが，考えている範囲では $\cos y \geqq 0$ で，したがって $\cos y = \sqrt{1-\sin^2 y} = \sqrt{1-x^2}$．これから上式の両辺を $\cos y$ で割って

$$\dfrac{d(\sin^{-1}x)}{dx} = \dfrac{1}{\sqrt{1-x^2}}$$

が得られた．$\sin^{-1}0=0$ だから，この式を積分の形で

$$\sin^{-1}x = \int_0^x \dfrac{1}{\sqrt{1-x^2}}\,dx$$

と書いてもよい．

同じような考えで $y=\tan^{-1}x$ という，$\tan x$ の逆関数を考えることができる：

$$y=\tan^{-1}x \iff x=\tan y \qquad \left(-\dfrac{\pi}{2}<y<\dfrac{\pi}{2}\right)$$

$y=\tan^{-1}x$ のグラフは下の図のようになる．

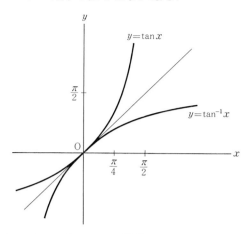

$y=\tan^{-1}(\tan y)$ の両辺を y で微分して

$$1 = \frac{d(\tan^{-1}x)}{dx} \times \frac{d(\tan y)}{dy} \quad (x=\tan y)$$

となるが

$$\frac{d(\tan y)}{dy} = \frac{1}{\cos^2 y} = 1+\frac{\sin^2 y}{\cos^2 y} = 1+\tan^2 y$$
$$= 1+x^2$$

に注意すると，結局

$$\frac{d(\tan^{-1}x)}{dx} = \frac{1}{1+x^2}$$

が得られた．これはまた

$$\tan^{-1}x = \int_0^x \frac{dx}{1+x^2}$$

と書いてもよい．

歴史の潮騒

$y=\tan^{-1}x$ という関数は，図で示したように半径 1 の円において，AB の高さ x から，円弧 AC の長さ y (ラジアン！)を求めるという幾何学的内容を含む関数である．あるいは，三角形 OAB の面積が

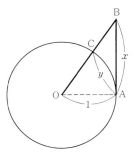

わかったとき，円弧三角形 OAC の面積を求めるにはどうしたらよいかという問題に関係している関数であるといってもよい．

等比級数と面積の考えから，すでに 15 世紀のインドの数学者たちによって

$$\tan^{-1}x = \int_0^x \frac{dt}{1+t^2} = \int_0^x (1-t^2+t^4-t^6+\cdots)dt$$
$$= x - \frac{x^3}{3} + \frac{x^5}{5} - \frac{x^7}{7} + \cdots$$

という，$\tan^{-1}x$ のベキ級数展開は知られていたという．このベキ級数の収束半径は 1 である．なお端点 $x=1$ でもこの結果は成り立って，$\tan^{-1}1 = \frac{\pi}{4}$ に注意すると，これから有名な級数

$$\frac{\pi}{4} = 1 - \frac{1}{3} + \frac{1}{5} - \frac{1}{7} + \cdots$$

が得られる．もっとも，あとになってニュートンやグレゴリーによっても，$\tan^{-1}x$ のこのベキ級数展開は再発見された．

ニュートンは指数関数 e^x のベキ級数展開 $\sum_{n=0}^{\infty} \frac{x^n}{n!}$ を発見するのに次のような道筋をたどった．ニュートンは 1665 年に面積の考察から

$$\int_0^x \frac{dt}{1+t} = x - \frac{x^2}{2} + \frac{x^3}{3} - \frac{x^4}{4} + \cdots$$

を見出したが，出版がおくれているうちに，メルカトールも 1668 年に同じ結果を導いた．この関数は $\log(1+x)$ を表わしている．そこでニュートンは

$$y = x - \frac{x^2}{2} + \frac{x^3}{3} - \frac{x^4}{4} + \cdots$$

を逆に解いて（逆に解くと $x=e^y-1$ である）

$$x = y + \frac{1}{2}y^2 + \frac{1}{6}y^3 + \frac{1}{24}y^4 + \frac{1}{120}y^5 + \cdots$$

と計算して，ここから y^n の係数は $\frac{1}{n!}$ であると結論した．

同じような考えで，1669 年の論文の中で $\sin x$ のベキ級数展開を求めている．ニュートンはすでに 1664〜1665 年に一般の二項定理

を得ていたが，それを $(1-t^2)^{-\frac{1}{2}}$ に適用することにより，まず

$$y = \sin^{-1}x = \int_0^x \frac{dt}{\sqrt{1-t^2}} = \int_0^x (1-t^2)^{-\frac{1}{2}}dt$$

$$= x + \frac{1}{2}\frac{x^3}{3} + \frac{1}{2}\frac{3}{4}\frac{x^5}{5} + \frac{1}{2}\frac{3}{4}\frac{5}{6}\frac{x^7}{7} + \cdots$$

を導き，次にこれを逆に解くことにより

$$x = z - \frac{1}{6}z^3 + \frac{1}{120}z^5 - \frac{1}{5040}z^7 + \frac{1}{362880}z^9 - \cdots$$

を求め，これから z^{2n+1} の係数は $\dfrac{1}{(2n+1)!}$ であると結論した．

$\sin x$ のベキ級数展開がわかれば，$\sin^2 x + \cos^2 x = 1$ を用いて，$\cos x$ のベキ級数展開を求めることもできたのである．ニュートンもライプニッツも，このようにして基本的な関数のベキ級数展開はすべて知っていた．

テイラーの定理とよばれるテイラーの名前は，テイラー（Brook Taylor, 1685-1731）が 1715 年に出版した『直接及び逆増分法』の中に級数

$$f(x+a) = f(a) + f'(a)x + f''(a)\frac{x^2}{2!} + \cdots + f^{(n)}(a)\frac{x^n}{n!} + \cdots$$

を載せたことによっている．しかしこの級数は，テイラーのこの本が出版される 44 年前に，すでにグレゴリーが，差分の極限として知っていたと数学史家には考えられているようである．

このテイラーの結果の特別な場合が，マクローラン級数となるのだが，マクローランの名前は，テイラーの本より 20 年以上もおくれて出版された彼の 1742 年の著書『流率論』の中に，この級数のことが述べられていることによっている．

先生との対話

小林君が感想を述べた．

「数学の歴史のことを知らないで，テイラーの定理やマクローラン展開のことなど学んでいると，数学という学問は坦々とした王道

を歩いていくものだという感じをもつようになってきましたが，それは完成した形を見ていたからなのですね．$\sin x$ のベキ級数展開よりも，歴史的には $\sin^{-1} x$ のベキ級数展開の方が先だったということを知っておどろきました．しかしそういわれてみると，確かに $\sin x$ にしても $e^x - 1$ にしても，いくらこれらの関数を凝視しても，そこから整式による近似の極限としてのベキ級数展開を求める手がかりを見出せそうにありません．ぼくは，ふと，これらの関数はそのままでは沈黙しているようだという妙な感じをもちました．

それにくらべると，逆関数へ移ると，$\log(1+x)$ は $y = \dfrac{1}{1+x}$ のグラフの面積となり，$\sin^{-1} x$ は $y = \dfrac{1}{\sqrt{1-x^2}}$ の面積となって，私たちは面積を近似していくという考えの中に，この問題を統一的に捉える視点がでてきますね．この物語の最初に，円の面積を求めるという試みの中に近似の思想が育ってきたという話があったことを思い出しました．数学は本当に長い道を歩んできたのですね．」

先生は小林君の話にうなずいて

「そうですね．たとえばこういう歴史の経過を知るだけで，逆三角関数を見る眼が違ってくるでしょう．数学の勉強でも，温古知新——古キヲ温メテ，新シキヲ知ル——は大切なことですね．」

といわれた．教室の中では「温古知新って何よ」「それは論語の言葉よ」「漢文の時間では先生は古きをたずねてとよんでいたね」などというひそひそ話があって，数学の話が少しの間途切れた．

かず子さんの質問がまた皆の関心を数学へもどすことになった．

「与えられた関数がベキ級数展開できる条件が，テイラーの定理で，剰余項 $R_n \to 0$ という一般的な言い方で述べられることはわかりますが，具体的な例になると，$\log(1+x)$ のときでも，$-1 < x < -\dfrac{1}{2}$ のとき $R_n \to 0$ となるかどうかは，R_n の形だけからはわかりませんでした．

マクローラン展開できる関数とは

$$f(x) = f(0) + \frac{f'(0)}{1!} x + \frac{f''(0)}{2!} x^2 + \cdots + \frac{f^{(n)}(0)}{n!} x^n + \cdots$$

と表わされる関数のことですから，$f(0), f'(0), f''(0), \cdots, f^{(n)}(0),$

…の値さえ決まれば——ということは0のごく近くにおける関数の挙動さえわかれば——ずっと先の関数の値まで完全に決まってしまうような関数です．

　これだけはっきりした強い性質をもつ関数を特徴づける性質が，よくわからないθなどという数を含んだ剰余項R_nの性質として，各点xでR_nが0に近づくなどという条件で与えられるということは，何だか性質の明快さと条件の不透明さがかみ合わないような気がします．」

　先生はしばらく考えてから，次のように話された．

　「先生もそういう感じをもちます．滑らかな関数$f(x)$をなるべく整式に近い形に書き表わそうとしてテイラーの定理が求められましたが，このとき剰余項R_nが現われて，このR_nが$n\to\infty$のとき0に近づくことが，$f(x)$がベキ級数で表わされる条件となってきたのでした．しかしR_nは，関数$f(x)$のどのような性質にかかわっているのかわかりません．xが動いたとき，θがどのように変わるのかもわかりません．ですから，$R_n\to 0$ ($n\to\infty$)がすぐ求められるときはよいのですが，そうでないときにはどうしてよいかわかりません．

　かず子さんのいったことを，先生がいい直してみると，関数$f(x)$自体のもつはっきりとした性質によって，マクローラン展開が可能であるという性質を特性づけてほしいということになるでしょう．たとえば，$f(x)$, $g(x)$がある範囲でマクローラン展開可能で，$g(x)\neq 0$ならば，$\dfrac{f(x)}{g(x)}$はどの範囲でマクローラン展開可能かどうかという問題に対し，剰余項だけに注目する限り，これを調べる道はないのです．マクローラン展開が可能であるという性質は，たぶん関数のもっと深い内在的な性質によっているのでしょう．これを解明しようとする試みは，いろいろな歴史的経過があったとしても，数学をまったく思いがけない方向へと導いていくことになりました．それは複素数の導入です．明日からはこの話が主題となります．

問 題

[1] $f(x)=(1+x)e^x$ のマクローラン展開を求めなさい．

[2] $f(x)=\sin 5x$ のマクローラン展開を求めなさい．

[3] $\dfrac{1}{1+\sin x}$ を $-\dfrac{\pi}{2}<x<\dfrac{\pi}{2}$ の範囲でマクローラン展開するとき，x^5 の係数を求めなさい．

[4] $y=\cos^{-1} x\ (0\leqq y\leqq \pi)$ を，関係式 $x=\cos y$ によって定義するとき，$(\cos^{-1} y)'$ を求めなさい．

お茶の時間

質問 ニュートンが数学の研究をはじめたとき，最初に一般の二項定理

$$(1+x)^\alpha = 1 + \frac{\alpha}{1!}x + \frac{\alpha(\alpha-1)}{2!}x^2 + \cdots$$
$$+ \frac{\alpha(\alpha-1)\cdots(\alpha-n+1)}{n!}x^n + \cdots \quad (*)$$

（α は任意の実数）を発見したと聞きました．"いくつかの例"の中で，この右辺が剰余項を含む形では取り上げられていましたが（35頁参照），$-1<x<1$ でこの剰余項が 0 に近づき，したがって $(1+x)^\alpha$ が上のようにベキ級数で表わされるという証明はまだお聞きしなかったようです．この証明を教えて頂けませんか．

答 $(*)$ の右辺のベキ級数の収束半径が 1 であるということはすぐにわかる（第 1 週土曜日，問題 [3] 参照）．したがって $|x|<1$ で，$(1+x)^\alpha$ が上のベキ級数として表わせることを示すとよいのだが，剰余項が 0 に近づくという証明はこの場合はむずかしい．そのため次のような工夫をする．

いま $(*)$ の右辺のベキ級数を $\varphi(x)$ とおく．$|x|<1$ でこのベキ級

数は収束しているから，$\varphi(x)$ はそこで滑らかな関数を表わしている．記号

$$\binom{\alpha}{n} = \frac{\alpha(\alpha-1)\cdots(\alpha-n+1)}{n!}, \quad \binom{\alpha}{0} = 1$$

を導入しておくと

$$\varphi(x) = \sum_{n=0}^{\infty} \binom{\alpha}{n} x^n$$

と表わされるが，これを項別微分することにより $(1+x)\varphi'(x)$ を求めてみると

$$(1+x)\varphi'(x) = \sum_{n=0}^{\infty}(1+x)(n+1)\binom{\alpha}{n+1}x^n$$

$$= \sum_{n=0}^{\infty}\left\{(n+1)\binom{\alpha}{n+1} + n\binom{\alpha}{n}\right\}x^n$$

$$= \sum_{n=0}^{\infty}\alpha\binom{\alpha}{n}x^n = \alpha\varphi(x)$$

となる．

一方，$f(x)=(1+x)^\alpha$ とおくと，明らかに $(1+x)f'(x)=\alpha f(x)$ である．$|x|<1$ で $f(x)\neq 0$ だから

$$\left(\frac{\alpha\varphi(x)}{f(x)}\right)' = \frac{\varphi'(x)\cdot\alpha f(x) - \alpha\varphi(x)\cdot f'(x)}{\{f(x)\}^2} = 0$$

となるが，これから $\alpha\neq 0$ のとき，$\frac{\varphi(x)}{f(x)}=$ 定数 $=\frac{\varphi(0)}{f(0)}=1$ が導かれる．したがって $f(x)=\varphi(x)$ がいえた．$\alpha=0$ のときはこのことに明らかである．

この二項定理によって，私たちは分数ベキ，たとえば $(1+x)^{\frac{3}{5}}$ とか，$(1+x)^{-\frac{7}{100}}$ のような式も，そうこわがらずに扱えるようになったのである．この二項定理は，整式の世界から脱皮して，関数の世界へと入っていく最初のきっかけを，ニュートンに与えたのかもしれない．

水曜日

複　素　数

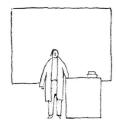

先生の話

　昨日の話で，少し注意しなくてはいけないことがありました．私たちは第1週で，整式の自然な拡張としてベキ級数を考えたため，ベキ級数は原点中心で考えることになりました．それを引きつぐ形で，昨日の話もマクローラン展開を中心として展開しました．

　しかし，x 軸の座標を a だけ移せば，a を中心とするベキ級数が得られ，それは

$$\sum_{n=0}^{\infty} a_n (x-a)^n$$

の形となるでしょう．同じように昨日の話にでたテイラーの定理(8)で，x を a だけ移した剰余項を $\tilde{R}_n$ とするとき，$\tilde{R}_n \to 0$ となるならば，そのとき $f(x)$ は

$$f(x) = \sum_{n=0}^{\infty} \frac{f^{(n)}(a)}{n!} (x-a)^n$$

と表わされるでしょう．これを **a を中心とする $f(x)$ のテイラー展開**といいます．$a=0$ のときがマクローラン展開となります．これから先の話になりますが，マクローラン展開だけではなく，原点以外のある点を中心としたベキ級数やテイラー展開を考える必要もでてきますので，このことを頭のどこかに留めておいて下さい．

　さて，今日の話のタイトルは"複素数"となっています．皆さんは，突然複素数が登場してきたことにおどろかれたでしょう．それはマクローラン展開(または一般にテイラー展開)のもつ意味を，詳しく知ろうと思うと，私たちは背景にある数の世界を，実数からさらに複素数まで広げなくてはならなくなるからです．

　複素数に皆さんが最初に出会った場所は，2次方程式が虚解をもつ場合でした．たとえば2次方程式 $x^2+x+1=0$ は，$x=-\frac{1}{2}\pm\frac{\sqrt{3}}{2}i$ という虚解をもちます．i は虚数単位とよばれ，$i^2=-1$ という性質をもつ数です．一般に $a+bi$ (a, b は実数)と表わされる数を複素数といいます．複素数についてはこれから詳しく述べていきま

すが，いまの例でまず注意をしなくてはいけないことは，2次方程式 $x^2+x+1=0$ で x は実数を表わすといっておくとこの方程式に解はないということです．ですから少し分析的な言い方をすれば，私たちは文字 z は複素数も表わすとして，実際はまず整式 z^2+z+1 を考え，次にこの整式が 0 となる z を求めたということになっています．

ところがこのように，文字 x は実数を表わし，文字 z は複素数を表わしていると概念上区別して，整式を

$$x^2+x+1 \quad \text{から} \quad z^2+z+1$$

に書き変えてみても，皆さんは何の違和感も抱かないでしょう．たとえば，因数分解の式

$$6-5x+x^2 = (3-x)(2-x) \tag{1}$$

で，x を複素数を表わす文字 z におきかえて

$$6-5z+z^2 = (3-z)(2-z) \tag{2}$$

と書いても，右辺を展開すればやはり左辺の式になるのですから，とくに注意しなければ，皆さんは(1)と書こうが(2)と書こうが，大した違いはないと思うでしょう．

この場合，私たちの眼は整式の表わす代数的演算の方に向けられて，文字 x や z の表わす数の個性を問題としなくなっているのです．四則演算の規則だけを見る限り，有理数でも，実数でも，複素数でもすべて同じ規則が適用されます．一方，整式は四則演算の規則だけで組み立てられていますから，同類項をまとめたり，整式を展開したりするようなことは，文字が有理数を表わしていようが，実数を表わしていようが，複素数を表わしていようがすべて同じように取り扱うことができます（ただし因数分解のときだけは，考えている数の範囲を指定しておく必要があります）．すなわち，整式に対して代数的演算を適用していく限りでは，文字がどんな数を表わしているかを考慮しなくてよいのです．

このことは見方を変えれば，整式にみられる代数的な記号化は，有理数や実数や複素数の間に立ちはだかっていた"見えない壁"を私たちの意識から取り除いてしまったといってよいでしょう．記号

化して表わした文字が，数の"壁"を無視し，代りに共通の演算規則の方を前面に出す働きをしたのです．

このように整式
$$a_0+a_1x+a_2x^2+\cdots+a_nx^n \qquad (3)$$
の中に現われている文字 x は，四則演算が適用できるものを表わしているにすぎず，むしろ(3)の表示では演算規則の方が主体であるという考え方をとってみれば，(3)を
$$a_0+a_1z+a_2z^2+\cdots+a_nz^n$$
と書いて，z は複素数であるとつけ加えてみても，これは，(3)と本質的に同じものを表わしているとみえてくるでしょう．こういうことも，あるいはライプニッツのいった"数学の秘密はその記号にあり"の1つのあらわれなのかもしれません．

しかし，整式を通して，実数から複素数への移行がこのように自然にみえてくるならば，ベキ級数を通しても同様のことがいえるかもしれません．実際，私たちは，ベキ級数は，整式を極限概念によって，次数を限りなく大きくしたとき得られる1つの極限形式であると捉えてきました．そうすると，ベキ級数もまた，実数から複素数への拡張を与える，自然の架け橋の役目をしてくれるに違いありません．

ただ，第1週で詳しく述べたように，ベキ級数の概念を導入するためには，代数的な演算だけでなく実数の上で成り立つ極限の考えも必要としました．もし複素数の中にも，実数の場合と整合するように，極限の考えを導入できるならば，そのときは私たちはベキ級数
$$a_0+a_1x+a_2x^2+\cdots+a_nx^n+\cdots$$
に対しても，x の代りに z を用いて，
$$a_0+a_1z+a_2z^2+\cdots+a_nz^n+\cdots$$
と表わし，ここで z は複素数を表わしているということを，ごく自然にいえるようになるでしょう．しかし整式のときと違って，ベキ級数の場合，x は収束域の内部を動く変数という見方で扱われます．そうすれば，x を z でおきかえたとき，z は，複素数のある範囲を

動く変数であるという見方が生じてくるでしょう．このようにして，ベキ級数を道しるべとして，解析の世界をどのようにして実数から複素数へと広げていったらよいかという方向が見えてきます．

さて，前おきが長くなってしまいました．これから今週いっぱいを通して，複素数の上で新しく広がる解析の風景を描写していくことにします．その風景の中で，マクローラン展開やテイラー展開の意味するものが，しだいに関数固有の性質によってはっきりと捉えられてくるでしょう．

複素数の導入

複素数とは，2つの実数 a, b と，**虚数単位**とよばれる数 i によって

$$a+bi \quad \text{または} \quad a+ib$$

と表わされる数のことである．これは新しい数だから，この数の中で2つの複素数が等しいとはどういうことか，とか，また足し算，引き算，かけ算，割り算の仕方も決めておかなくてはならない．それは次のようにする．

（Ⅰ）2つの複素数 $a+ib$ と $c+id$ が等しいということを

$$a+ib=c+id \iff a=c, \; b=d$$

と定義する．また 0 を

$$a+ib=0 \iff a=0, \; b=0$$

と定義する．

（Ⅱ）四則演算

加法：$(a+ib)+(c+id)=(a+c)+i(b+d)$

減法：$(a+ib)-(c+id)=(a-c)+i(b-d)$

乗法：$(a+ib)(c+id)=(ac-bd)+i(ad+bc)$

除法：$c+id \neq 0$ のとき

$$\frac{a+ib}{c+id}=\frac{ac+bd}{c^2+d^2}+i\frac{bc-ad}{c^2+d^2} \tag{4}$$

この四則演算の定義で，加法，減法は問題ないと思うが，乗法は

分配法則を使って展開し，（形式的には）$i^2=-1$ という関係を用いた形になっている．除法は一見複雑な形になっているが，この右辺に $c+id$ をかけてみると，実際 $a+ib$ となっている．だが，このことを確かめることもやっかいである．すぐあとで述べる共役複素数という考えによって，この除法の仕組みがよくわかるようになる．

複素数の四則演算は，実数のときと同じような演算規則にしたがっている．すなわち，加法と乗法についてはそれぞれ結合法則と交換法則が成り立ち，また加法と乗法の関係を結ぶものとして分配法則が成り立つ．(『数学が生まれる物語』第3週，14頁参照)．要するに実数と同じように考えて，計算してよいということである．ただ乗法の約束から $i^2=-1$ となることが新しい状況となって現われている．

複素数 $a+ib$ で，とくに $b=0$ のとき，**複素数 $a+i0$ を実数 a と同一視する**ことができる．実際，対応

$$a \mapsto a+i0, \quad c \mapsto c+i0$$

で，$a+c \mapsto (a+i0)+(c+i0)$, $ac \mapsto (a+i0)(c+i0)$ のように，四則演算の規則が保たれている．

複素数 $\alpha = a+ib$ に対し，a を α の**実数部分**といい

$$a = \mathcal{R}(\alpha)$$

と表わす．また b を α の**虚数部分**といい

$$b = \mathcal{I}(\alpha)$$

と表わす．

♣ 実数部分は real part，虚数部分は imaginary part という．$\mathcal{R}, \mathcal{I}$ はそれぞれの頭文字を表わしている．以前はここにドイツの大文字の書体を使うのが慣例であった．

複素数 $\alpha = a+ib$ に対し

$$\bar{\alpha} = a-ib$$

とおいて，$\bar{\alpha}$ を α の**共役複素数**（きょうやく）という．以前は，これを共軛複素数という漢字で表わしていた．軛は"くびき"とも読み，荷馬車で馬と車体をつなぐ横木のことである．α と $\bar{\alpha}$ が相互に強く連関し合

っていることを示したものだろう．この連関性は次のような関係式に現われている．

$$\mathscr{R}(\alpha) = \frac{\alpha + \bar{\alpha}}{2}, \quad \mathscr{I}(\alpha) = \frac{\alpha - \bar{\alpha}}{2i}$$

$$\alpha\bar{\alpha} = a^2 + b^2 \geqq 0 \quad (\text{等号は } \alpha = 0 \text{ のときに限る})$$

この共役複素数を使うと，$\alpha = a + ib$，$\beta = c + id \, (\neq 0)$に対して $\dfrac{\alpha}{\beta}$ をどうして(4)のように定義したかがはっきりする．すなわち

$$\frac{\alpha}{\beta} = \frac{\alpha\bar{\beta}}{\beta\bar{\beta}} = \frac{1}{c^2 + d^2}(a + ib)(c - id)$$

であり，この右辺のカッコをはずすと(4)になる．分母，分子に $\bar{\beta}$ をかけたのは，分母を"実数化"するためであった．

ハミルトンの複素数の導入

このような複素数の導入には，何の問題もないようにみえるが，複素数はまったく新しい数であって，私たちはそれについては何も知らないのだという立場で見ると，最初に $a + ib$ と表わしたとき，＋（プラス）は何を表わしているのか，i と b をかける ib とは何のことかという素朴な疑問がわいてくる．

この素朴な疑問を晴らすためには，次のような道筋で複素数を導入するとよい．2つの実数 a, b の組 (a, b) 全体の集合を考え，この中に次のような規則で四則演算を定義する．

加法：$(a, b) + (c, d) = (a + c, b + d)$

減法：$(a, b) - (c, d) = (a - c, b - d)$

乗法：$(a, b)(c, d) = (ac - bd, ad + bc)$

除法：$c^2 + d^2 \neq 0$ のとき

$$\frac{(a, b)}{(c, d)} = \left(\frac{ac + bd}{c^2 + d^2}, \frac{bc - ad}{c^2 + d^2} \right)$$

このようにして新しく得られた数の体系を，複素数という．そしてこれを**ハミルトン流の複素数の導入法**という．このような複素数の導入の仕方は，味気ないところがあるとしても，簡明で疑問の生

ずる余地がない．歴史的な背景を知らなければ，乗法や除法をなぜこのような妙な形で定義したかという感じは残るだろうが，少なくとも，複素数を取りまいていた"虚"なる感じは，完全に消滅してしまった．

このハミルトン流の定義から出発して，よく見なれている複素数の表記 $a+ib$ に戻るには次のようにする．まず $(a,0)$ を実数 a と同一視し，また $i=(0,1)$ と書くことにする．乗法の規則から $(0,1)(0,1)=(-1,0)$ となるから，$i^2=-1$ と表わせる．そうすると
$$(a,b)=(a,0)+(0,b)=(a,0)+(0,1)(b,0)$$
により，(a,b) は $a+ib$ と書いてもよいことになるのである．

ガウス平面

数学史の上では，ガウス平面という考えが確立してから少しのちになって，ハミルトンが上のような複素数の導入法を提唱したのだけれど，歴史的な順序を考慮しなければ，ハミルトンの定義は，"複素数とは，座標平面上の点 (a,b) として表わされる数である"ということを明記していることになる．座標平面上で座標 (a,b) をもつ点 P は，複素数 $a+ib$ を表わしている．このことがとりも直さず，ハミルトン流の表現から，ふつうの表記法 $a+ib$ へと移った内容をいい表わしているとみることができる．

このように，座標平面の各点 $P(a,b)$ が複素数 $a+ib$ を表わすと考えたとき，この座標平面のことを**ガウス平面**，または**複素平面**という．

ガウス平面上で，x 軸上の点 $(a,0)$ は，$a+i0=a$ という実数を表わしている．また y 軸上の点 $(0,b)$ は $0+ib=ib$ という**純虚数**（実数部分が 0 の複素数）を表わしている．ガウス平面では，x 軸と y 軸の表わしている数が，実数，純虚数と対照的に違っている．それを明確にするために，ガウス平面では，x 軸を**実軸**，y 軸を**虚軸**という．

いくつかの複素数をガウス平面上の点として図示しておいた．

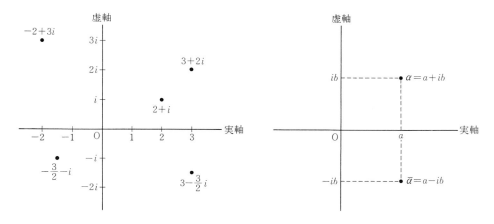

ガウス平面上での加法と減法

ガウス平面上では，複素数の足し算 $\alpha+\beta$ は，原点から α と β へ引いた線分を 2 辺とする平行四辺形の対角線の端点として表わされる．$\alpha=a+ib$, $\beta=c+id$ とすると，$\alpha+\beta=(a+c)+i(b+d)$ だから，このことは図から明らかだろう．

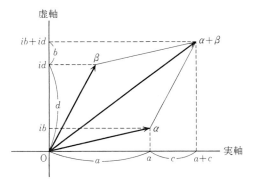

この図でも示したように，複素数を表わすのに，単に点としてではなく，原点からその点へ向けたベクトルとして表わしておいた方が見やすいことも多い．

ベクトル表示という考えを使うことにすると，ガウス平面に書かれた任意のベクトルも，その始点を原点に移したときの，終点の示

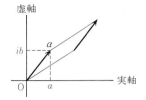

す複素数を表わしていると約束しておいた方が都合のよいこともある．

この約束を使うと，$\alpha+\beta$ を求めるには，"ベクトル" α の端点から，"ベクトル" β をスタートさせて，その終点を求めるとよくなってくる．

$\alpha-\beta$ を図から求めるには，β を加えると α となるベクトルを求めればよいが，それには，α,β の始点を原点においたとき，β の終点から，α の終点へ向けてベクトルを引くとよい．

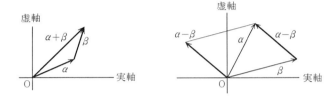

複素数の極表示

複素数を，ガウス平面上の点としてではなく，ベクトルとして表わすという考えに立つと，ベクトルは長さと，方向と，向きで決まるから，複素数をこれらの量を用いて表わすこともできるはずである．複素数 $\alpha=a+ib$ を表わすベクトルを，始点を原点，終点を α となるようにとる．このとき方向と向きは，実軸の正の方向から測った角 θ によって決まる．したがってこのベクトルの長さを r とすると，図からも明らかなように，α は r と θ によって

$$\alpha = r(\cos\theta + i\sin\theta) \qquad (5)$$

と表わされる．これを複素数 α の **極表示** という．$r \geqq 0$ である．$r=0$ は，$\alpha=0$ のときだけであり，このとき θ は何をとってきてもよくなってくる．$\alpha \neq 0$ ならば $r>0$ である．θ は一意的には決まらない．θ からさらに 1 回転して，$\theta+2\pi$ としても，α を表わす(5)は変わらない．一般には α を表わす θ を 1 つとると，ほかのものは $\theta+2n\pi$ ($n=\pm 1, \pm 2, \pm 3, \cdots$) と表わされる．

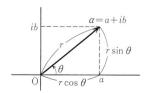

これも図から明らかなように

$$r = \sqrt{a^2+b^2}$$

である．r を複素数 α の**絶対値**または**長さ**といって $|\alpha|$ で表わす．

$$|\alpha| = \sqrt{a^2+b^2} = \sqrt{\alpha\bar{\alpha}}$$

一方 θ は

$$\tan\theta = \frac{b}{a}$$

をみたす角であるが，θ を α の**偏角**といって

$$\theta = \arg\alpha$$

と表わす．（arg は英語 argument の頭文字である．）

　複素数を(5)のように表わすことは，ごく自然なことと思えるかもしれないが，複素数の一般的な表わし方の中に三角関数が登場してきたことは注目に値することだろう．具体的な天体観測や，測量の必要から生まれてきた三角関数が，"虚なる世界"の複素数の構造の中にしっかりと組みこまれていたのである．

かけ算と回転

　ハミルトン流の四則演算の定義を見てみると，加法と減法はごく自然な形をしているが，かけ算と割り算は，本質的に $i^2 = -1$ という虚数の特性を取りこんで複雑な格好をしている．だからたとえば

$$(2+i)(3-4i)(5+2i)(-6-7i)$$

などという計算を遂行することも大変だし，計算の仕組みをガウス平面上に表わしてみるなどということも，とてもむずかしそうで，まるで夢のことのように思える．

　しかし極表示(5)を使うと，複素数のかけ算，割り算の仕組みが，いわばガウス平面上にはっきりと見えてくるのである．そのことを説明してみよう．

　2つの複素数 α, β を極表示して

$$\alpha = r(\cos\theta + i\sin\theta)$$
$$\beta = r_1(\cos\theta_1 + i\sin\theta_1)$$

と表わす．このとき α と β を実際かけてみよう．そうすると

$$\begin{aligned}\alpha\beta &= rr_1\{(\cos\theta\cos\theta_1 - \sin\theta\sin\theta_1) \\ &\quad + i(\cos\theta\sin\theta_1 + \sin\theta\cos\theta_1)\} \\ &= rr_1\{\cos(\theta+\theta_1) + i\sin(\theta+\theta_1)\}\end{aligned}$$

となる．ここで右辺の等式で1番目から2番目へと移るとき，三角関数の加法定理が，忽然と現われてきている．おどろくべきことに $i^2 = -1$ は，cos の加法定理の中に現われるマイナス記号の中にみごとに吸収されている．この複素数のかけ算と三角関数の加法定理の不思議な出会いは，ガウス平面上ではじめて実現したものである．もし，複素数をガウス平面上で表現するということを思いつかなかったならば，このような発見は計算上得られたかもしれないが，その意味するものを把握することはむずかしいことだったろう．

実際ここで得られた結果は，複素数の乗法に幾何学的意味を与えるものになっている．右辺の表わしているものをよく見てみると，

$$\alpha\beta \; \text{の} \begin{cases} \text{絶対値は } rr_1 \\ \text{偏角は } \theta+\theta_1 \end{cases}$$

となっていることがわかる．記号で書くと

$$|\alpha\beta| = |\alpha|\cdot|\beta|, \quad \arg(\alpha\beta) = \arg\alpha + \arg\beta$$

である．

1つ例でこのかけ算の規則を説明すると

$$\alpha = \sqrt{3} + i = 2\left(\cos\frac{\pi}{6} + i\sin\frac{\pi}{6}\right) ; \; |\alpha| = 2, \; \arg\alpha = \frac{\pi}{6}$$

$$\beta = \frac{3}{2\sqrt{2}}(1+i) = \frac{3}{2}\left(\cos\frac{\pi}{4} + i\sin\frac{\pi}{4}\right) ; \; |\beta| = \frac{3}{2}, \; \arg\beta = \frac{\pi}{4}$$

のとき

$$\begin{aligned}\alpha\beta &= 2 \times \frac{3}{2}\left\{\cos\left(\frac{\pi}{6}+\frac{\pi}{4}\right) + i\sin\left(\frac{\pi}{6}+\frac{\pi}{4}\right)\right\} \\ &= 3\left(\cos\frac{5}{12}\pi + i\sin\frac{5}{12}\pi\right)\end{aligned}$$

となる．この場合図を見るとわかるように，β に α をかけるということは，まずベクトル β の長さを $|\alpha|$ 倍，すなわち2倍にして，次

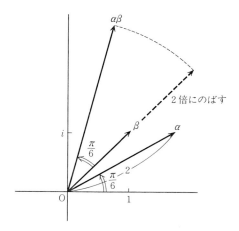

にそのベクトルを $\arg \alpha$ だけ，すなわち $\dfrac{\pi}{6}$ だけ回転したものになっている．

一般に，$\alpha = r(\cos\theta + i\sin\theta)$ を，ある複素数 z にかけるということは，z を表わすベクトルの長さを r 倍し，それを θ だけ回転することである．偏角の足し算は，回転を意味している！　このようにして，**複素数のかけ算**は，ガウス平面上では，**r 倍する**という相似拡大（または縮小）と，**θ だけの回転**という，2 つの幾何的な作用の合成として示されることになったのである．

とくに絶対値が 1 の複素数 α は

$$\alpha = \cos\theta + i\sin\theta$$

と表わされ，ガウス平面の**単位円周**——原点を中心とする半径 1 の

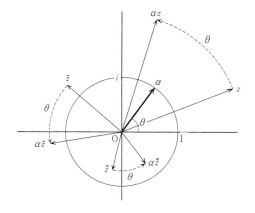

円周——上にあるが，このときzにαをかけることは，zの長さを変えないで，zをθだけ回転することであると，いい表わされることになった．

$$z \xrightarrow[\text{回転}]{\theta \text{だけの}} \alpha z \qquad (|\alpha|=1, \arg \alpha = \theta)$$

このように平面上の回転が，かけ算として捉えられることになったのである．たとえば$|\alpha|=1$, $\arg \alpha = \theta$のとき

$$\alpha \xrightarrow{\theta\text{-回転}} \alpha^2 \xrightarrow{\theta\text{-回転}} \alpha^3 \xrightarrow{\theta\text{-回転}} \cdots \xrightarrow{\theta\text{-回転}} \alpha^n \qquad (6)$$

であり，一方，$|\alpha^2|=|\alpha||\alpha|=1$, 一般に$|\alpha^n|=|\alpha||\alpha|\cdots|\alpha|=1$だから，$\alpha, \alpha^2, \cdots, \alpha^n$は単位円周上にある．したがって系列(6)は，単位円周上を，規則正しい水車のように，θずつ回っていく点の列を表わしている．

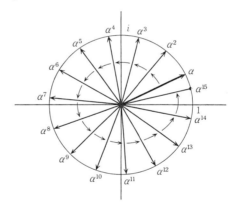

かけ算と割り算の図による表示

複素数の足し算と引き算は，平行四辺形を通して，ガウス平面上で作図によって求めることができた．これは本来足し算が平行移動という考えを内蔵していたからである．これはもっとも基本的な整数の足し算にもどってみても，5+3=8は次のように考えられることからわかる．2つの物差しL, Mをとって，L, Mの目盛りを合わせた位置から，Mの物差しを右へ5だけ"平行移動"する．このと

き M の目盛りの 3 の上にある L の物差しの目盛りをよむと 8 になっている．複素数では横（実軸）の方向と，たて（虚軸）の方向に平行移動したので，平行四辺形が生じたのである．

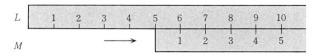

複素数のかけ算と割り算は，こんどは相似三角形を通して，ガウス平面上で作図によって求めることができる．まずかけ算のときを説明しよう．ガウス平面上に 2 つの複素数 α, β をとり，α, β を表わす点をそれぞれ A, B とする．また実軸上で 1 を表わす点を E とする．図を見るとわかりやすいのだが，三角形 OEA と相似な三角形 OBC を，OE と OB が対応する辺となるように，同じ向きにつくる．このようにすると頂点 C は，α と β の積 $\alpha\beta$ を表わす点となっている．

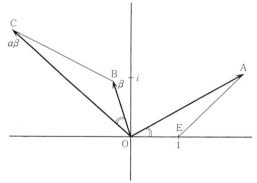

これを確かめるには，点 C が表わす複素数を γ とするとき，
$$|\gamma| = |\alpha| \cdot |\beta|, \quad \arg \gamma = \arg \alpha + \arg \beta \tag{7}$$
を示すとよい．実際，このような γ は，$\alpha\beta$ と一致する．

ところが (7) は △OEA∽△OBC から次のようにすぐにわかる：
$$\frac{OE}{OB} = \frac{OA}{OC} \quad \text{により} \quad \frac{1}{|\beta|} = \frac{|\alpha|}{|\gamma|}$$
したがって $|\gamma| = |\alpha| \cdot |\beta|$．また
$$\angle EOC = \angle EOB + \angle BOC, \quad \angle BOC = \angle EOA$$
すなわち $\arg \gamma = \arg \alpha + \arg \beta$．

割り算については，まず $\beta \neq 0$ のとき $\dfrac{\alpha}{\beta} \cdot \beta = \alpha$ という関係からすぐに

$$\left|\frac{\alpha}{\beta}\right| = \frac{|\alpha|}{|\beta|}, \quad \arg\frac{\alpha}{\beta} = \arg\alpha - \arg\beta$$

となることがわかる．

ガウス平面上で，α と β から $\dfrac{\alpha}{\beta}$ を求めるには，かけ算と逆の作図をするとよい．これは説明するより，図を見ていただいた方が簡明だろう．

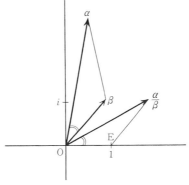

歴史の潮騒

いまは複素数は，高等学校の数学の授業の中で，2次方程式の判別式が負の場合の解として，一度は出会っているから，そういう数を用意しておく必要があることもわりあい自然に認められるようになっている．複素数に対して，これがまったく観念的な"虚なる数"であるというイメージはいまではふつうの人にも薄れてきているのではないだろうか．

しかし，16世紀には，イタリーの数学者カルダーノは，加えて 10，かけて 40 となる 2 数を求めるため，方程式 $x(10-x)=40$ を解いて，この答 $5+\sqrt{15}\,i,\ 5-\sqrt{15}\,i$ を得たが，このような答はナンセンスで意味のないものであると考えていた．そう考えてはいたが，カルダーノは，これが答となっていることを確かめた上で"算術の精妙さは，無意味なところまで行き渡っている"と，妙な言葉

をつけ加えている．カルダーノは，3次方程式の解の公式を見つけたが，この公式をそのまま適用して，$x^3-15x-4=0$ の実解 4 を求めてみると

$$4 = \sqrt[3]{2+\sqrt{-121}} + \sqrt[3]{2-\sqrt{-121}}$$

となって，実解が"虚なる数"で表わされるということになる．これはカルダーノの時代の人には理解しがたいことだったのである．

デカルトは，負の数の平方根を含む表現は"虚"として，それは問題が解けないしるしであると考えていたという．ニュートンも同じような立場であった．ライプニッツは，虚数の存在に，観念的な哲学的なものを感じとっていたようである．

しかし複素数は，徐々にではあったが，確実なペースで数学者の意識の中に浸透しつつあった．すでに 1673 年に，ウォリスは『代数学』の中で，2次方程式の虚解を平面上の点として表わすことを考えていた．しかしこの考えは不完全で，当時の数学者から無視されたようである．実際は当時はまだ負の数の概念も十分確立しておらず，$(-1)\times(-1)=1$ をめぐってなお混乱が続いていた時代であった．

18 世紀に入って，解析学が急速に発展してくると，たとえば，$\log(-1)$ の値は何か，というような問題も，ベルヌーイやオイラーなどによって取り上げられ，"解析算法"の中に，しだいに積極的に複素数が取りこまれるようになってきた．しかしそれでもなお，ふつうは，複素数は実数に関する結果を理解するための迂回路として，個別的に用いられていたのである．$\sqrt{-2}\times\sqrt{-3}=-\sqrt{6}$ の証明が，1770 年に出版されたオイラーの『代数学』の中に載せられているという事実が，数学史の本の中で注意されていたが，複素数を，現在のように，実数を中に含む 1 つの数の体系であるとみなければ，このような等式は謎めいたものに映ったのだろう．

一方では，ダランベールは 1746 年に，すべての代数方程式は複素数の中に解をもつことの証明を試みているが，この証明には不完全な点があった．1799 年に，この結果は，ガウスによってはじめて証明されたが，ガウスの証明の中にも，ガウスが直観的に明らか

と認めてしまったところに証明のギャップがあり，このギャップを完全な証明で埋めることはかなりむずかしい問題であったのである．

複素数をガウス平面上の点として表示する考えが一般に認められ，それを追うように，ハミルトンによる完全に数学的な形での複素数の導入がなされたのは，1837年のことであった．このときから，複素数は一切の観念的なものや，"虚なるもの"のイメージを切り離して，数学の中に確かな場所を占めるようになったといってよい．だが，実際はこの頃には，数学者の意識の中には，このことを当然なものとして受け入れる素地が十分でき上がっていたのである．複素数という概念を確立させたのは，16世紀半ばから3世紀にわたる数学の成熟の結果であった．

先生との対話

教室の皆は，複素数の足し算が，物理で習った力の合成のように，平行四辺形の対角線として表わせることにはそれほど反応を示さなかったが，かけ算が，相似拡大（または縮小）と回転で表わせるということにはびっくりしたようだった．とくに，複素数 α の絶対値が1のとき，$\alpha, \alpha^2, \alpha^3, \cdots$ が，単位円周上を一定の角で，1点が規則的に回転していく様子として表わされる図が，印象的のようだった．

山田君が，何かノートに書き加えて，確かめるように質問した．

「複素数 α の絶対値が1ということは，極表示で表わせば $r=1$ ですから，α の偏角を θ とすれば

$$\alpha = \cos\theta + i\sin\theta$$

と書けますね．α をかけていくたびに偏角が θ ずつ増えて $\alpha^2, \alpha^3, \cdots, \alpha^n, \cdots$ が単位円周上を回り出すことは

$$\alpha^2 = \cos 2\theta + i\sin 2\theta, \quad \alpha^3 = \cos 3\theta + i\sin 3\theta, \cdots,$$
$$\alpha^n = \cos n\theta + i\sin n\theta, \cdots$$

と表わされるとしてよいのでしょうか．」

「そうです．α^n の偏角は，$\overbrace{\theta+\theta+\cdots+\theta}^{n}=n\theta$ となりますから，山田君のいった通りでよいのです．」

先生はそこまでいって，少し休んで話を続けられた．
「山田君のいったことを書き直すと
$$(\cos\theta + i\sin\theta)^n = \cos n\theta + i\sin n\theta \qquad (8)$$
という公式が成り立つことになります．これは**ド・モァブルの公式**として大変有名なものです．この公式で $n=2$ としてみると
$$(\cos\theta + i\sin\theta)^2 = \cos 2\theta + i\sin 2\theta$$
となりますが，左辺は
$$\cos^2\theta - \sin^2\theta + 2i\sin\theta\cos\theta$$
です．この両辺の実数部分と虚数部分を比較すると，よく知られた2倍角の公式
$$\cos 2\theta = \cos^2\theta - \sin^2\theta, \quad \sin 2\theta = 2\sin\theta\cos\theta$$
が得られる．

同じように考えれば，(8)の式の左辺を二項定理で展開して，実数部分と，虚数部分を見くらべれば，$\sin n\theta, \cos n\theta$ を $\sin\theta, \cos\theta$ で表わす公式が得られるはずです．

もう少し話を続けてみますと，$n=3$ のとき，3乗の公式から
$$(\cos\theta + i\sin\theta)^3 = \cos^3\theta - 3\cos\theta\sin^2\theta + i(3\cos^2\theta\sin\theta - \sin^3\theta)$$
となりますが，ここで $\sin^2\theta + \cos^2\theta = 1$ の関係を使って，この右辺がド・モァブルの公式から $\cos 3\theta, \sin 3\theta$ に等しいとおくと，3倍角の公式
$$\cos 3\theta = 4\cos^3\theta - 3\cos\theta, \quad \sin 3\theta = 3\sin\theta - 4\sin^3\theta$$
が得られます．

一般に n が奇数のとき，$\cos n\theta$ は $\cos\theta$ の多項式として，$\sin n\theta$ は $\sin\theta$ の多項式として表わすことができます．この公式は，1663～4年に，ニュートンとヴィエトが求めました．$\sin n\theta$ の方を書くと次のようになります．

$$\sin n\theta = n\sin\theta - \frac{n(n^2-1)}{3!}\sin^3\theta + \frac{n(n^2-1)(n^2-3^2)}{5!}\sin^5\theta - \cdots$$

こういう公式を見ると，数学者は長い時間をかけて，さまざまな公式を見出してきたのだということが，よくわかりますね．」

明子さんが，「複素数っておもしろいですね．」と小声で感想をい

ってから話しだした．

「ド・モァブルの定理で一番簡単のときを調べようと思って，θ に $\pi\,(=180°)$，$\dfrac{2\pi}{3}\,(=120°)$，$\dfrac{2\pi}{4}\,(=90°)$ を入れて，2乗，3乗，4乗すると

$$(\cos\pi + i\sin\pi)^2 = \cos 2\pi + i\sin 2\pi = 1$$

$$\left(\cos\dfrac{2\pi}{3} + i\sin\dfrac{2\pi}{3}\right)^3 = \cos 3\dfrac{2\pi}{3} + i\sin 3\dfrac{2\pi}{3} = 1$$

$$\left(\cos\dfrac{2\pi}{4} + i\sin\dfrac{2\pi}{4}\right)^4 = \cos 4\dfrac{2\pi}{4} + i\sin 4\dfrac{2\pi}{4} = 1$$

となります．1番目の式は $(-1)^2=1$，2番目の式は $\left(\dfrac{-1+\sqrt{3}\,i}{2}\right)^3=1$，3番目の式は $i^4=1$ ということですね．」

先生が明子さんの話を引きついで一般化された．

「一般に $z^n=1$ の1つの答は

$$\cos\dfrac{2\pi}{n} + i\sin\dfrac{2\pi}{n}$$

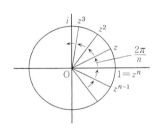

で与えられます．つまり，1から単位円周上を $\dfrac{2\pi}{n}$ だけ正の向きに回ったところにある複素数です．これを n 乗すると——n 回，回転角 $\dfrac{2\pi}{n}$ で回すと——もとの1のところへもどるのです．」

かず子さんが

「$z^n=1$ の答は，ほかに $z=1$ もありますが，それ以外にどんなものがあるのですか．」

と質問した．

「$z^n=1$ の答はちょうど n 個あって，それはガウス平面の単位円周上で，1を1つの頂点とする円に内接する正 n 角形の頂点として表わされる複素数で与えられます．これらを1の n 乗根といいます．たとえば $z^4=1$ の答は，内接する正方形の頂点で，$z=1, i, -1, -i$ です．一般に単位円に内接する1を頂点とする正 n 角形の頂点となる複素数は

$$z = \cos\dfrac{2\pi}{n}k + i\sin\dfrac{2\pi}{n}k \qquad (k=0,1,2,\cdots,n-1)$$

と表わされます．実際これを n 乗してみると

$$z^n = \cos 2\pi k + i \sin 2\pi k = 1$$

となります.」

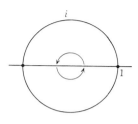

$z^2=1$

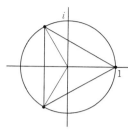

$z^3=1$

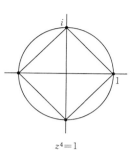

$z^4=1$

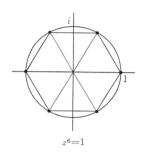

$z^5=1$ 　　　$z^6=1$

問　題

[1] 複素数 α に対し

$$\mathcal{R}(\alpha) = \frac{\alpha + \bar\alpha}{2}, \quad \mathcal{I}(\alpha) = \frac{\alpha - \bar\alpha}{2i}$$

となることを, ガウス平面上で図によって確かめなさい.

[2] z は, ガウス平面上で原点を中心とする半径 2 の円周 C 上を動くとする.

(1) z^2 は, 原点を中心とする半径 4 の円周 $\tilde{C}$ 上を動くことを示しなさい.

(2) z が C を 1 周すると, z^2 は $\tilde{C}$ を 2 周することを示しなさい.

[3](1) $z^3 = i$ となる z をガウス平面上で求めなさい.

(2) $z^8 = 256$ となる z をガウス平面上で求めなさい.

お茶の時間

質問 ハミルトンの複素数の導入法を見て思ったのですが，こういう考えで新しい数体系——複素数——が得られたならば，同じような考えで，実数の3つの組(a, b, c)に対して，足し算は$(a, b, c) + (a', b', c') = (a+a', b+b', c+c')$とし，あとはかけ算の規則を適当に決めれば，また新しい数体系——こんどは空間の点として表わされる数——ができるのではないでしょうか．

答 ハミルトンによる複素数の導入法には，私たちが演算規則を適当に決めるならば，今までになかった新しい数体系が得られるのではないかという，期待をもたせるものがあった．"数"は，私たちを取り囲む，外の世界から抽象されて生まれてくるだけではなく，完全に数学の内なる世界からも抽象されてくる可能性もあることを，ハミルトンは示唆したのである．

実際，君の質問にあった道にしたがうように，ハミルトンは1830年代後半から長い思索の旅に入ったのである．ハミルトンは，実数の組（3次元ベクトル）(a, b, c)を

$$a + bi + cj$$

と表わして，まずベクトルとしての和とスカラー積（実数をかける）は認めることにした．その上でさらに適当にかけ算の規則を導入することにより，結合法則，分配法則，それに（複素数のときの$|\alpha\beta| = |\alpha||\beta|$に対応して）ベクトルの積の長さは，それぞれのベクトルの長さの積になるようにできないかと，毎日，毎日いろいろな規則を考えては確かめていた．しかし，彼のすべての試みは失敗に終っていたのである．いまになれば，彼の失敗の理由はわかる．3次元ベクトルの中に，どのようにかけ算の規則を導入してみても，結合法則と分配法則を同時にみたし，四則演算が自由にできるようにすることは不可能なのである！

ハミルトンは，このような試行錯誤の長い時間のあとで，1843年10月になって，突然アイディアがひらめき，3次元ベクトルから4次元ベクトル(a, b, c, d)に思考を移した．そして

$$a+bi+cj+dk \quad (a,b,c,d \text{ は実数})$$

という"4次元の数"に，$i^2=j^2=k^2=-1$, $ij=k$, $jk=i$, $ki=j$ という規則を導入することにより，(乗法の交換法則は成り立たないが)新しい数の体系が得られることを発見したのである．四元数の誕生である！

　ベクトル空間の次元を上げても，もうこのような新しい数は得られない．このことは，四則演算もでき，また空間的な表象も許すような"数"という概念はやはり深い摂理によって誕生したもので，人間の手で規則をいじって得られるような浅いものではないということを示しているのかもしれない(なお，志賀『複素数30講』(朝倉書店)の第30講参照)．

木曜日

正則関数

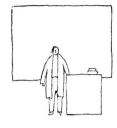

先生の話

　昨日の話から，複素数とはどういう数であるかということは，だいたい理解してもらえたと思います．ガウス平面の中では，実数は実軸上にある点として特性づけられていますが，実軸はガウス平面の中を走るただ1本の直線にすぎません．実数にくらべれば，複素数は実に広大無辺な世界であるといってよいでしょう．しかし，実数の中で成り立つ四則演算の規則は，何ひとつ変えることなく，この広大な複素数へと拡張されました．もちろん複素数へ移ると，かけ算の背景に"回転"が見えてくるようになりましたが，それはいわば現象の違いであって，規則はそのままの形で保たれていきました．

　その意味では，昨日も最初に述べたように，整式の形で見る限り，たとえば

$$1+2x+5x^2+10x^3+x^4 \quad (x は実数)$$

と書いても，あるいは

$$1+2z+5z^2+10z^3+z^4 \quad (z は複素数) \qquad (1)$$

と書いても，そこに大きな違いを見出すことはむずかしいのです．しかし，それはあくまで四則演算だけで組み立てられている式の構造を，一般的な表記のもとで表わしているからです．

　(1)の式で，複素数 z がとくに虚軸上の値 iy（y は実数）をとるとすると，式の形は，虚数単位 $i^2=-1$ を反映して

$$1+2iy-5y^2-10iy^3+y^4$$
$$=1-5y^2+y^4+i(2y-10y^3) \qquad (2)$$

と独特な変化を示してきます（注意：$i^3=-i$, $i^4=1$）．(2)は(1)の特別な場合といってよいのですが，(1)の表記の中に隠されている実数部分，虚数部分をあからさまな形に取り出すことによって，転調が訪れるのです．

　この転調の高い調べに最初に耳を傾けたのは，オイラーでした．現代的な立場でオイラーの考えを述べると次のようになります．オ

イラーは，指数関数 e^x のテイラー展開

$$e^x = 1 + \frac{1}{1!}x + \frac{1}{2!}x^2 + \frac{1}{3!}x^3 + \frac{1}{4!}x^4 + \frac{1}{5!}x^5 + \cdots \quad (3)$$

に対して，x に複素数 z をおいてみるという道を回ることなく，直接，x の代わりに純虚数 $i\theta$ をおいてみたのです．その結果，次のような驚くべきことが見出されたのです．

$$e^{i\theta} = 1 + \frac{1}{1!}(i\theta) + \frac{1}{2!}(i\theta)^2 + \frac{1}{3!}(i\theta)^3 + \frac{1}{4!}(i\theta)^4 + \frac{1}{5!}(i\theta)^5 + \cdots$$

$$= 1 + \frac{i}{1!}\theta - \frac{1}{2!}\theta^2 - \frac{i}{3!}\theta^3 + \frac{1}{4!}\theta^4 + \frac{i}{5!}\theta^5 - \cdots$$

$$= \left(1 - \frac{1}{2!}\theta^2 + \frac{1}{4!}\theta^4 - \cdots\right) + i\left(\frac{1}{1!}\theta - \frac{1}{3!}\theta^3 + \frac{1}{5!}\theta^5 - \cdots\right)$$

$$= \cos\theta + i\sin\theta$$

すなわち，指数関数 e^x は，ベキ級数(3)を通して，実数から，ガウス平面全体へと水が自然に流れ出すように，その定義されている範囲を広げていきますが，そのようすを，虚軸上でキャッチしてみると，指数関数は，三角関数と手を結んでしまったのです．

このようにして求められた関係式

$$e^{i\theta} = \cos\theta + i\sin\theta \quad (4)$$

を，**オイラーの公式**といいます．たとえば実数 x_1, x_2 で成り立つ指数法則 $e^{x_1+x_2} = e^{x_1}e^{x_2}$ は，e^{x_1}, e^{x_2} を表わすベキ級数(3)の間の関係式として翻訳され，その関係式は，係数の間に成り立つ関係として四則演算で表わされますから，そのまま複素数へと接続されていきます．したがって

$$e^{i(\theta_1+\theta_2)} = e^{i\theta_1}e^{i\theta_2}$$

が成り立ちますが，この両辺をオイラーの公式(4)を通して三角関数へと移すと

$$\cos(\theta_1+\theta_2) + i\sin(\theta_1+\theta_2) = (\cos\theta_1 + i\sin\theta_1)(\cos\theta_2 + i\sin\theta_2)$$

となります．この右辺を展開して，両辺の実数部分，虚数部分を等しいとおくと

$$\cos(\theta_1+\theta_2) = \cos\theta_1\cos\theta_2 - \sin\theta_1\sin\theta_2$$

$$\sin(\theta_1+\theta_2) = \sin\theta_1\cos\theta_2 + \cos\theta_1\sin\theta_2$$

となり，これは三角関数の加法定理です．

　少しドラマティックな言い方をしてみると，ガウス平面の実軸で見る限り，指数関数 e^x は，実数の関数 $y=e^x$ として $x\to+\infty$ のときそのグラフは大きく弧を画いて急速に $+\infty$ へと近づき，三角関数は $x\to+\infty$ のとき，同じ高さの波を無限にくり返して進みます．実数の上で示されるこの 2 つの関数の様相はまったく対照的です．しかし，ガウス平面上で，舞台を 180 度暗転して，虚軸上にライトをあててみると，そこにはこんどは実軸上で見る限りでは予想もしなかった景色(4)が展開していました．その結果，指数関数 $e^{i\theta}$ は $\cos\theta+i\sin\theta$ のもつ周期性を受け継いで，$e^{i\theta}=e^{i\theta+2\pi i}=e^{i\theta+4\pi i}=\cdots$ と周期性を示すようになり，一方，$\cos\theta$，$\sin\theta$ は指数関数とその性質をわかち合うようになったのです．

　このオイラーの公式からも察していただけるように，複素数まで広げると，実数だけでは決して見えなかった関数相互の深い関係が浮かび上がってくることがあります．関数のもつ，さまざまな内在的な性質は，実数の中だけではなお厚いヴェールをかぶり，十分解明することはできなかったのだといえるかもしれません．オイラーのこの発見以来，実数から複素数へと解析学を展開していくことは，数学にとって本質的な意味をもつものであるということが，しだいに明らかとなってきたのです．このようにして，私たちの物語も，解析学の舞台を実数から複素数へと広げていくところへと，さしかかってきました．私たちはまず，解析の基礎にあたる部分——実数に対しては第 1 週の半ばまで話したようなこと——，極限概念や，連続性や微分可能性などのことを，複素数に対しても明確にしておくことにしましょう．今日は，そのことが主題となります．

近づくということ

　数列の極限値を考えるにしても，級数の和を考えるにしても，微分を考えるにしても，近づくという考えが基本になっている．とこ

ろがこの近づくということを捉える感覚が，実数のときと複素数のときとでは，違ったものとなっており，それがまた，実数のときと複素数のときとで，解析学とよばれる微分積分の方法を主体とする研究の基調をまったく異なったものにしているのである．

たとえば，複素平面上で 1 に近づく点列を考えるときも，実数の点列だけで考えるか，あるいは複素数の点列で考えるかということによって，図で示してあるようにその風景がまったく違ってくる．実数の点列だけを考えるということは，ガウス平面の上で見れば，実軸上を伝わって 1 に近づく点列だけを考えることを意味している．

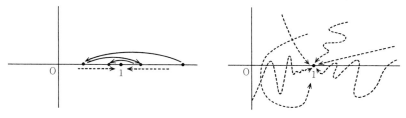

実軸上で 1 に近づく点列　　　　複素平面上で 1 に近づく点列

変数の動きにしても，実数の変数 x は，実軸上を左右に動くだけだったが，複素数の変数 z は，ガウス平面の中で自由自在に動く．この違いを，日常的な感覚でいってみれば，実数の変数 x の動きは，細い一筋の川を，川上に上ったり，川下に下ったりする小舟の動きを映しているが，複素数の変数 z の動きは，大海原を自由に走りまわる，船の動きを映しているといってよいだろう．

この違いをよく感じとってもらった上で，これから複素数の中での収束や極限の話，そしてそれに基づいて微分の話をしていこう．大海原を自由に動きまわる船のような感覚の中から生まれてくる極限概念や微分の概念とはどんなものになるのだろうか．

複素数列の収束

平面上にある 2 つの点の近さを測るには，2 点の間の距離——長さ——を使う．距離の大小が遠い，近いを決める規準となっている．

ガウス平面上で，複素数 α, β を表わす点を P, Q とすると，P, Q

の間の距離は α, β を用いて

$$|\alpha - \beta|$$

と表わすことができる．$\alpha - \beta$ は Q から P へ引いたベクトルであり，絶対値 $|\alpha - \beta|$ はこのベクトルの長さを表わしているからである．

したがって，ガウス平面上で近さのことを議論していくときには，複素数の絶対値を用いて話を進めていってよいことになった．複素数の絶対値のもつ基本的な性質をあげておこう．

(ⅰ) $|z| \geqq 0$；等号は $z = 0$ のときに限る．
(ⅱ) $|\alpha z| = |\alpha||z|$
(ⅲ) $|z_1 + z_2| \leqq |z_1| + |z_2|$
(ⅳ) z がとくに実数 a のときには，$|a|$ は実数のときの絶対値（$a \geqq 0$ ならば $|a| = a$；$a < 0$ ならば $|a| = -a$）と一致している．

少し説明を加えておこう．(ⅰ)は絶対値の定義から明らかだし，(ⅱ)については昨日，複素数のかけ算で，絶対値は積となるということを示しておいた．(ⅲ)は図を見るとわかるように，三角形の1辺の長さは，他の2辺の長さの和より小さいということをいっている．（もっとも，図で z_1 と z_2 が一直線上に並ぶときは，この図が"つぶれた"場合と考えている）．(ⅳ)は実軸上で，原点から測った a までの長さを $|a|$ としたのだから，明らかである．

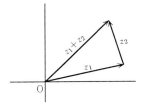

複素数 α を1つとめて考えるとき，正数 ε に対して

$$|z - \alpha| < \varepsilon$$

をみたす z は，α から ε 以内の距離にあり，このような z の全体は，α を中心とし，半径 ε の円の中の点全体を表わしている．したがって，正数 ε をいろいろに動かすと，それによって α の近くにある複

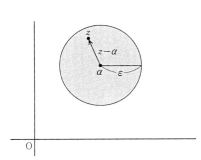

素数の状況が把握されるだろう．

いま，複素数列 $\{z_1, z_2, \cdots, z_n, \cdots\}$ があって，ある番号，たとえば 23 番目から先の z_n は，α からみて，すべて $\frac{1}{3}$ 以内の近さに近づいてきたということは，

$$n \geqq 23 \quad \text{ならば} \quad |z_n - \alpha| < \frac{1}{3}$$

と表わされる．したがってまた，複素数列 $\{z_1, z_2, \cdots, z_n, \cdots\}$ が，α に近づくということは，十分先からの z_n は，α からみていくらでも近い範囲に入ってくるということ，すなわち，次のようにいってよいことがわかる．

どんな正数 ε をとっても，ある番号 N があって

$$n \geqq N \quad \text{ならば} \quad |z_n - \alpha| < \varepsilon$$

私たちは，これを収束の定義として採用しよう．

> **定義** 複素数列 $\{z_1, z_2, \cdots, z_n, \cdots\}$ に対して，どんな正数 ε をとっても，ある番号 N があって
>
> $$n \geqq N \quad \text{ならば} \quad |z_n - \alpha| < \varepsilon$$
>
> が成り立つとき，この数列は α に**近づく**，または**収束する**といい
>
> $$\lim_{n \to \infty} z_n = \alpha$$
>
> と表わす．

この定義で注意することは，z_n が α に近づく近づき方——ある線分に沿いながら近づくのか，渦巻きを描いて近づくのかなど——は少しも問題にしていないということである．

なお絶対値について

(v) $|\mathscr{R}(z)| \leqq |z|$, $|\mathscr{I}(z)| \leqq |z|$;

$\qquad |z| \leqq |\mathscr{R}(z)| + |\mathscr{I}(z)|$

という関係も成り立つ．

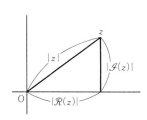

したがってまた $z_n = x_n + iy_n$, $\alpha = a + ib$ とすると

$\quad |x_n - a| \leqq |z_n - \alpha|, \quad |y_n - b| \leqq |z_n - \alpha|$;

$\quad |z_n - \alpha| \leqq |x_n - a| + |y_n - b|$

が成り立ち，これから

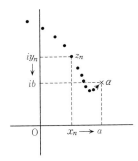

$$z_n \longrightarrow \alpha \iff x_n \longrightarrow a, \ y_n \longrightarrow b$$

となる．すなわち，複素数の収束の問題は，ハミルトン流の複素数の表わし方でいえば，2つの実数成分の収束の問題を考えることと同じことになる．このことから，複素数に対しても，次のコーシーの収束条件が成り立つことがわかるだろう．

定理 複素数列 $\{z_n\}$ ($n=1,2,\cdots$) がある複素数 α に収束する必要十分条件は，どんな小さい正数 ε をとっても，ある番号 N を適当にとると，次の条件 (C) が成り立つことである．
 (C) $m, n \geqq N$ ならば $|z_m - z_n| < \varepsilon$

複素関数

整式 $2+3z-z^2$ でも，z を複素変数と考えて，関数
$$f(z) = 2+3z-z^2$$
を考えれば，この関数のとる値は複素数となる．たとえば
$$f(1+i) = 2+3(1+i)-(1+i)^2 = 5+i$$
である．

このように z を複素変数として動かすならば，一般に整式
$$w = \alpha_0 + \alpha_1 z + \alpha_2 z^2 + \cdots + \alpha_n z^n$$
のとる値もまた複素変数となる（ここで係数 $\alpha_0, \alpha_1, \cdots, \alpha_n$ は複素数でもよい）．読者がたぶん予期しておられるように，私たちはすぐあとで，この整式をさらにベキ級数として関数
$$w = f(z) = \alpha_0 + \alpha_1 z + \alpha_2 z^2 + \cdots + \alpha_n z^n + \cdots$$
を考えるようになる．

このような考察を一般的な背景のもとで進めるためには，複素数 z に対して，複素数 w を対応させる複素関数
$$w = f(z)$$
という概念を導入しておいた方がよい．z がガウス平面上を動くと，w もまたガウス平面上を動くのである．

この複素関数という概念をもっとはっきりさせるためには，この関数の定義域——変数 z の動き得る範囲——としてどんなものをとるのかも明確にしておかなくてはならない．そこで私たちがこれから取り扱う関数 $w=f(z)$ の定義域は，ガウス平面上のある領域 D であるとしよう．ここで領域という言葉を使ったが，領域とは次の2つの性質をもつガウス平面の中のある範囲を指す．

　（ⅰ）D の点 z_0 に対し，正数 ε を十分小さくとると，$|z-z_0|<\varepsilon$ をみたす z もまた D に属している．

　（ⅱ）D の2つの点 z_0, z_1 は連続曲線で結ぶことができる．

　（ⅰ）でいっていることは，D の点 z_0 の足もとを見ると，十分近くの点はすべて D に入っており，したがって $z \to z_0$ のときの極限の様相を考えるとき，z も z_0 もすべて D に入っているとしてよいという保証を与えている．

　（ⅱ）の方は，D が離ればなれの小島の集りのようにはなっていないということをいっている．

　しかし，上の（ⅰ），（ⅱ）にはあまりこだわらないで，読者は領域 D というときには，下のような図を思い浮かべられるとよい．もちろん特別の場合として，領域の中にはガウス平面全体も含まれている．

複素変数の極限値

　そこで領域 D で定義された関数 $w=f(z)$ を考える．w も複素数である．このとき，実数のときと同じように，どんな正数 ε をとっても，ある正数 δ があって

$$0<|z-z_0|<\delta \quad \text{ならば} \quad |f(z)-A|<\varepsilon$$

が成り立つとき，$z \to z_0$ のときの $f(z)$ の**極限値**は A であるといって

$$\lim_{z \to z_0} f(z) = A$$

と表わす．この極限値の状況を実数のときのように，適切な図を書いて説明するわけにはいかない．想像力を働かせていえば，変数 z の動きが，z_0 に向かって収縮していく円板の中にしだいに吸収されていくとき，このように収縮する円板に対応して，$f(z)$ の描くある範囲が，やはりしだいに収縮していって，ガウス平面の1点 A に近づいていくという状況である．

領域 D の各点 z_0 で，$z \to z_0$ のとき $f(z) \to f(z_0)$ が成り立つとき，$f(z)$ を D で**連続な関数**であるという．これからは主に連続な関数だけを取り扱うが，私たちにとって一番関心のあることは，微分という概念をどのように，複素関数に対して導入していくかということである．

微分するということ —— 正則性

私たちは，$w = f(z)$ に対して微分という概念を導入したいのだが，その前に二, 三注意しておくことがある．

複素数は実数を一部分として含んでおり，一方，私たちは，実数のときの関数 $y = f(x)$ に対しては，微分の定義はよく知っている．複素数の場合にも，何らかの意味でこの定義の拡張となっているものを微分の定義として採用することが望ましい．

微分というと，私たちはグラフの接線の傾きということが最初に頭に浮かぶが，複素関数 $w = f(z)$ のときには，考える対象はガウス平面の点 z から，ガウス平面の点 w への"写像"なのだから，接線の傾きというようなものを考えることはできない．ということは，複素数の場合には，微分の定義をするにあたって，幾何学的イメージにたよることは適当でないということである．

一方，実数のときには，微分の定義に現われる極限は数直線上，

左右から近づく状況だけが問題となったが，複素数のときは，上に述べたように極限の様相が全然異なっている．この違いにあまり注目しすぎると，微分をどのように定義したらよいかという手がかりを見失ってしまうかもしれない．

私たちは，実数から複素数への整式を通してのごく自然な拡張の道を，もう一度見直してみることにしよう．例として，整式で表わされる関数 $y=2x^3+5x^2-x$ を考える．このとき次の対応の図を見てみよう．

$$
\begin{array}{ccc}
2x^3+5x^2-x & \xrightarrow{\text{微分する}} & 6x^2+10x-1 \\
\downarrow\text{複素数へ拡張} & & \downarrow\text{複素数へ拡張} \\
2z^3+5z^2-z & \dashrightarrow & 6z^2+10z-1
\end{array}
$$

そうすると，誰が見ても，この $\dashrightarrow$ と表わされているところが，変数として複素数 z をとる整式 $2z^3+5z^2-z$ の微分を示していると考えるだろう．だから私たちはこの場合はごく自然に

$$(2z^3+5z^2-z)' = 6z^2+10z-1 \quad (\text{微分する！})$$

と定義することにする．

しかしこのように定義したということは，一般的には

$$(z^n)' = nz^{n-1} \quad (n=0,1,2,\cdots) \qquad (5)$$

と定義することを意味している．実数の場合 $(x^n)'=nx^{n-1}$ は，

$$\frac{(x+h)^n-x^n}{h} = nx^{n-1}+\binom{n}{2}x^{n-2}h+\binom{n}{3}x^{n-3}h^2+\cdots+h^{n-1} \qquad (6)$$

で $h\to 0$ として得られたものである．複素数の場合，z^n の微分を (5) のように定義するのが適当であると考える1つの根拠は，(6) の式で，x をすべて z におきかえ，その上で

$$\lim_{h\to 0}\frac{(z+h)^n-z^n}{h} = nz^{n-1} \qquad (7)$$

を求めるとよいという考えの中にもある．

しかし，整式で表わされる関数は，関数の中でもっとも基本的なものである．したがって (7) を見ると，一般の複素関数 $w=f(z)$ に

対して，次のように微分の定義を与えることが，もっとも適当であると思われてくる．

> **定義** 領域 D で定義された複素関数を $w=f(z)$ とする．D の1点 z_0 に対し
> $$\lim_{h \to 0} \frac{f(z_0+h)-f(z_0)}{h} \tag{8}$$
> が存在するとき，$f(z)$ は $z=z_0$ で微分可能であるといい，この値を $f'(z_0)$ で表わす．D の各点で微分可能のとき，$f(z)$ を D で**正則な関数**であるという．

正則という言葉はコーシー以来である．複素関数に対しては，微分可能な関数という言葉はふつう使わない．定義の形式は似ていても，実数の場合と複素数の場合とでは，微分の定義から出発して歩んでいく道が，まったく異なる方向を目指している．

正則関数

そうはいっても，微分の定義から形式的な計算と極限操作で直接導かれる結果は，実数の場合も複素数の場合も見かけ上は同じ形をとる．

とくに，上に述べたことから，整式
$$w = \alpha_0 + \alpha_1 z + \alpha_2 z^2 + \cdots + \alpha_n z^n$$
は正則関数であり，
$$w' = \alpha_1 + 2\alpha_2 z + \cdots + n\alpha_n z^{n-1}$$
となる．

またたとえば，$f(z), g(z)$ を領域 D 上で正則な関数とすれば，微分の公式
$$(f(z)+g(z))' = f'(z)+g'(z)$$
$$(f(z)g(z))' = f'(z)g(z)+f(z)g'(z)$$
などは，そのまま実数の場合と同じ形で成り立つ．

さらに，$f(z)$ を領域 D で，$g(z)$ を領域 $\tilde{D}$ で定義された正則な

関数とし，$g(z)$ が $\tilde{D}$ でとる値が D の中に含まれていれば，合成関数 $f(g(z))$ は $\tilde{D}$ で正則な関数で
$$(f(g(z)))' = f'(g(z)) \cdot g'(z)$$
が成り立つ（合成関数の微分の規則）．

要するに，正則な関数に対しては微分演算は，実数のときと同じようにしてもよいということである．では，実数のときとは異なる決定的ともいえる違いとはどこからでるのだろうか．それは，微分の定義(8)の中にひそんでいる．その lim の記号の下に $h \to 0$ と書いてあるが，この 0 に近づく近づき方が多様なのである．その特別な場合を下の図で示しておいた．

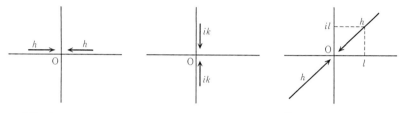

実軸に沿って $h \to 0$ 　　虚軸に沿って $h = ik \to 0$ 　　$\frac{\pi}{4}$ の方向から $h = l + il \to 0$

この図で示されている以外にもさまざまな方向から，h は 0 に近づく．また渦を巻くようにしながら 0 に近づくような近づき方もある．(8)でいっていることは，h がどのような仕方で 0 に近づくとしても，$f(z)$ が z_0 で微分可能ならば
$$\lim_{h \to 0} \frac{f(z_0 + h) - f(z_0)}{h}$$
の値はすべて等しい値 $f'(z_0)$ になるといっているのである．何という強い制約！

コーシー・リーマンの関係式

この微分可能性に対する強い制約が，正則関数に対する性質としてどのような形で反映しているかを見ておこう．

いま $z = x + iy$ とすると，$w = z^2$ は
$$w = z^2 = (x + iy)^2 = x^2 - y^2 + 2ixy$$

と，w の実数部分，虚数部分に分けて表わすことができる．それぞれは x と y の関数となる．同様のことは $w=z^3$ に対してもいえる：

$$w = z^3 = (x+iy)^3 = x^3 - 3xy^2 + i(3x^2y - y^3)$$

一般に，任意の複素関数 $f(z)$ は，$z = x+iy$ とすると $f(z)$ を実数部分，虚数部分に分けたとき

$$f(z) = P(x,y) + iQ(x,y) \tag{9}$$

と表わされる．ここで $P(x,y)$, $Q(x,y)$ は，"2変数" x, y の実数値関数である．上の例でいえば

z^2 のとき：$P(x,y) = x^2 - y^2$, $\quad Q(x,y) = 2xy$

z^3 のとき：$P(x,y) = x^3 - 3xy^2$, $\quad Q(x,y) = 3x^2y - y^3$

となっている．

いま $f(z)$ は領域 D 上で定義された正則関数とし，z を D 内の1点とし，これをとめて考えることにしよう．さてそこで，h が0に近づく対照的な2つの場合に対して，$f(z)$ の微分を考えてみることにしよう．すなわち h が実軸に沿って（したがって h は実数として）0に近づく場合の

$$\lim_{h \to 0} \frac{f(z+h) - f(z)}{h} \tag{a}$$

の値と，$h = ik$ (k は実数)が虚軸に沿って0に近づくときの

$$\lim_{h \to 0} \frac{f(z+h) - f(z)}{h} = \lim_{k \to 0} \frac{f(z+ik) - f(z)}{ik} \tag{b}$$

の値がともに等しく，$f'(z)$ となるという式を，(9)の表わし方で表わしてみよう．

(a)の場合：h が実数であることに注意すると，$z+h = (x+h) + iy$ となるから

$$\lim_{h \to 0} \frac{f(z+h) - f(z)}{h} = \lim_{h \to 0} \frac{1}{h}\{(P(x+h,y) + iQ(x+h,y))$$
$$- (P(x,y) + iQ(x,y))\}$$
$$= \lim_{h \to 0} \frac{1}{h}(P(x+h,y) - P(x,y)) + \lim_{h \to 0} \frac{1}{h}(iQ(x+h,y) - iQ(x,y))$$

$$= \frac{\partial P}{\partial x}(x,y) + i\frac{\partial Q}{\partial x}(x,y) \qquad (10)^{*)}$$

(b)の場合：k が実数であることに注意すると，$z+h = z+ik = x+i(y+k)$ となるから

$$\lim_{k\to 0}\frac{f(z+ik)-f(z)}{ik} = \lim_{k\to 0}\frac{1}{ik}\{(P(x,y+k)+iQ(x,y+k))$$
$$-(P(x,y)+iQ(x,y))\}$$
$$= \frac{1}{i}\lim_{k\to 0}\frac{1}{k}(P(x,y+k)-P(x,y)) + \frac{1}{i}\lim_{k\to 0}\frac{1}{k}(iQ(x,y+k)$$
$$-iQ(x,y))$$
$$= \frac{1}{i}\frac{\partial P}{\partial y}(x,y) + \frac{\partial Q}{\partial y}(x,y)$$
$$= -i\frac{\partial P}{\partial y}(x,y) + \frac{\partial Q}{\partial y}(x,y) \qquad (11)$$

(10)と(11)はともに等しく，$f'(z)$ となるのだから，(10)と(11)の実数部分と虚数部分は一致していなくてはならない．見比べて

$$\frac{\partial P}{\partial x}(x,y) = \frac{\partial Q}{\partial y}(x,y), \qquad \frac{\partial P}{\partial y}(x,y) = -\frac{\partial Q}{\partial x}(x,y)$$

という関係が得られる．これを**コーシー・リーマンの関係式**という．

この関係式を使うと，たとえば $z = x+iy$ に対して，複素数
$$w = x^3 + y + ixy$$
を対応させる関数や，共役複素数 $\bar{z}$ を対応させる関数
$$w = \bar{z} = x - iy$$
は，正則関数ではないことがわかる．

最初の場合は $P(x,y) = x^3+y$, $Q(x,y) = xy$ だから
$$\frac{\partial P}{\partial x} = 3x^2, \qquad \frac{\partial Q}{\partial y} = x$$
だから，$\frac{\partial P}{\partial x}(x,y) \neq \frac{\partial Q}{\partial y}(x,y)$ となり，正則関数ではない．

---

*) $\frac{\partial}{\partial x}$ は，偏微分の記号で，y を定数と思って x だけで微分することを示す．$\frac{\partial}{\partial y}$ も同様の意味をもつ（第6週参照）．

あとの場合は $P(x,y)=x$, $Q(x,y)=-y$ だから

$$\frac{\partial P}{\partial x}(x,y) = 1, \quad \frac{\partial Q}{\partial y}(x,y) = -1$$

でやはり $\frac{\partial P}{\partial x}(x,y) \neq \frac{\partial Q}{\partial y}(x,y)$ となり，正則関数ではない．

歴史の潮騒

正則性という考えが導入されたのは，1820年代のコーシーの仕事によるのであるが，ここでは18世紀における今となっては遠い潮騒を述べてみよう．解析の中に，複素数を取り入れようとする試みは，1702年に，すでにジャン・ベルヌーイによって行なわれていた．火曜日に示したように

$$(\tan^{-1} x)' = \frac{1}{1+x^2}$$

である．ベルヌーイはこの右辺を，複素数を用いて

$$\frac{1}{1+x^2} = \frac{1}{2i}\left(\frac{1}{x-i} - \frac{1}{x+i}\right)$$

と表わし，改めてこの両辺を積分して

$$\tan^{-1} x = \frac{1}{2i} \log \frac{x-i}{x+i} \tag{12}$$

という式を求めた．しかし，ベルヌーイは，この右辺に現われた複素数の入った対数の意味を考えあぐねていた．

1712年になって，ベルヌーイはもう一度この問題を取り上げた．

$$y = \tan n\theta, \quad x = \tan \theta$$

とおくと

$$\tan^{-1} y = n \tan^{-1} x$$

という関係が成り立つ．この式に(12)を使ってみると

$$\frac{1}{2i} \log \frac{y-i}{y+i} = \frac{n}{2i} \log \frac{x-i}{x+i}$$

$$= \frac{1}{2i} \log \left(\frac{x-i}{x+i}\right)^n$$

となる．したがって
$$\frac{y-i}{y+i} = \left(\frac{x-i}{x+i}\right)^n$$
すなわち
$$(x+i)^n(y-i) = (x-i)^n(y+i)$$
という x と y の関係が得られた．整理すると
$$y = i\frac{(x+i)^n + (x-i)^n}{(x+i)^n - (x-i)^n}$$

実際はこの式が正しいのは n が奇数のときだけである．それはベルヌーイが (12) で積分定数 $-\frac{\pi}{2}$ を右辺に加えていなかったことに原因がある．そのため log の多価性から n が偶数のときには，x と y の関係は上と違って
$$y = i\frac{(x+i)^n - (x-i)^n}{(x+i)^n + (x-i)^n}$$
となるのである．しかし少なくとも n が奇数のときには上に求めた式は使えるから，$y = \tan 5\theta$，$x = \tan \theta$ に適用すると次のようになる．
$$\tan 5\theta = \frac{\tan^5 \theta - 10 \tan^3 \theta + 5 \tan \theta}{5 \tan^4 \theta - 10 \tan^2 \theta + 1}$$

ベルヌーイは (12) から，複素数の対数が何か円弧の長さに関連することは気づいていたが，$\log(-x) = \log x$ となることを，かたくなに主張していた．その理由は
$$d \log(-x) = \frac{1}{x} = d \log x$$

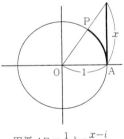

円弧 $AP = \frac{1}{2i} \log \frac{x-i}{x+i}$

が成り立つからというものであった．オイラーは 1728 年に，この関係式は，$\log(-x)$ は $\log x$ にある定数を加えたものであることを示しているにすぎないと注意していた．オイラーはこの時点で，すでに複素数を投入すると，対数関数は，一般に"無限多価"になることに気づいていたようである．

オイラーの公式
$$e^{ix} = \cos x + i \sin x$$
は，1748 年の『無限解析入門Ｉ』の中で，はじめて公けにされた．オイラーの公式は，複素数の対数の謎を解くものであった．

$$y = \log x \iff x = e^y$$

という関係から対数関数を定義することにすると，

$$\begin{aligned}-1 &= \cos\pi + i\sin\pi \\ &= \cos(\pi+2n\pi) + i\sin(\pi+2n\pi) \quad (n=0, \pm1, \pm2, \cdots) \\ &= e^{\pi i + 2n\pi i}\end{aligned}$$

したがって

$$\log(-1) = \pi i + 2n\pi i \quad (n=0, \pm1, \pm2, \cdots)$$

となる．このことから正の数 x に対して

$$\log(-x) = \log(x\cdot(-1)) = \log x + \pi i + 2n\pi i$$
$$(n=0, \pm1, \pm2, \cdots)$$

となることがわかる．オイラーのベルヌーイに対する注意は正しかったのである．

同じように

$e^{2n\pi i} = 1$ によって $\log 1 = 2n\pi i \quad (n=0, \pm1, \pm2, \cdots)$

$e^{\frac{\pi}{2}i + 2n\pi i} = i$ によって $\log i = \frac{\pi}{2}i + 2n\pi i \quad (n=0, \pm1, \pm2, \cdots)$

となる．したがってまた

$$\log 2 = \log 2\cdot 1 = \log 2 + \log 1 = \log 2 + 2n\pi i$$
$$(n=0, \pm1, \pm2, \cdots)$$

となる．対数関数は，複素数まで広げると，実数のときには決して見せることのなかった素顔"無限多価性"を示してきたのである！

先生との対話

小宮君が，ホッペタをふくらましたり，へこましたりして，どうもよくわからないという顔つきで，ノートを見ながら考えていたが，やがて少しぶっきらぼうの口調で質問をはじめた．

「どうもよくわかんないなあ．複素数の関数に対する微分の定義は，ごく自然なものだとぼくも思うんだけど．でもこの定義にしたがうと

$$f(z) = x^2 + iy \quad (z = x+iy)$$

のような，いってみれば当り前の関数も，もう正則な関数ではなくなってしまうんですよね．」

道子さんは，「x^2+iyが」といかにも意外そうな顔をして
「ほんと？」
と聞いた．山田君は次のように説明した．

「$f(z)$が正則ならばコーシー・リーマンの関係式が成り立つはず．ところが$f(z)=x^2+iy$のときは，$P(x,y)=x^2$, $Q(x,y)=y$だから，$\frac{\partial P}{\partial x}=2x$, $\frac{\partial Q}{\partial y}=1$となって，$\frac{\partial P}{\partial x} \neq \frac{\partial Q}{\partial y}$．だからコーシー・リーマンは成り立たない．$x^2+iy$は正則な関数ではないんだよ．」

道子さんは，納得しきれないのか「ほんとだ．でもなぜ」と小声でつぶやいた．

先生は，山田君と道子さんのやりとりに耳を傾けておられたが，少し考えてから話をはじめられた．

「道子さんが，"でも，なぜ？"といったことはよくわかります．x^2+iyを微分すると$2x+i$となるような気がするでしょう．しかし複素数の微分の定義にしたがえば，この関数は実は$\frac{1}{2}+iy$と表わされる点以外では微分できず，したがって，ある領域で考える限り，x^2+iyは正則関数とはいえなくなるのです．

実数の関数$y=f(x)$のときには，ある区間で微分可能かどうかというときには，私たちはこの関数のグラフの各点に接線が引けるかどうかという状況に注目しました．しかし複素関数$w=f(z)$のときには領域の各点で微分可能かどうか——正則性をもつかどうか——というときには，私たちはまったく別の状況に注目することになります．そのことをよく理解しておかないと，いくらコーシー・リーマンの関係式を知っていても，なぜx^2+iyが正則でないのだろうという素朴な疑問がいつまでも心に残ることになるでしょう．

ちょうどよい機会ですから，正則性とは関数のどんな性質に注目しているのか，わかりやすく話してみましょう．」

そう言って先生は窓の方を向いて大きく深呼吸し，それからゆっくりと話された．

「関数$w=f(z)$が領域Dで正則ということは，Dの各点zで

$$\lim_{h \to 0} \frac{f(z+h)-f(z)}{h} = f'(z)$$

が存在することで，この式は $|h|$ が十分 0 に近ければ，

$$f(z+h)-f(z) \fallingdotseq f'(z)h \tag{13}$$

という近似式が成り立つということです．

いまかりに D の 2 点 z_0, z_1 で

$$f'(z_0) = 1+i, \quad f'(z_1) = \frac{-1+\sqrt{3}\,i}{2}$$

が成り立っているとしましょう．このとき

$$f'(z_0)h = (1+i)h = \sqrt{2}\left(\frac{1}{\sqrt{2}} + \frac{1}{\sqrt{2}}i\right)h$$

$$= \sqrt{2}\left(\cos\frac{\pi}{4} + i\sin\frac{\pi}{4}\right)h$$

ですから，$f'(z_0)h$ は，h を $\frac{\pi}{4}$ だけ回転して，長さを $\sqrt{2}$ 倍したものです．また

$$f'(z_1)h = \frac{-1+\sqrt{3}\,i}{2}h = \left(\cos\frac{2\pi}{3} + i\sin\frac{2\pi}{3}\right)h$$

ですから，$f'(z_1)h$ は h を $\frac{2\pi}{3}$ だけ回転したものです．

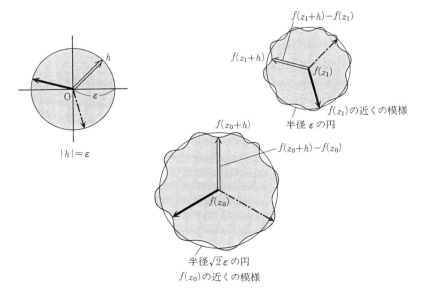

したがって正数 ε を十分小さくとったとき，$|h|=\varepsilon$ をみたすすべての h に対して，近似式 (13) が，$z=z_0, z_1$ で成り立つということを，大体の感じが捉えられるように図示すると，前頁の図のようになります．

この図をよく見るとわかるように，$|h|=\varepsilon$ の円のようすが，拡大 (縮小) されたり，回転したりはしますが，相似の意味では，$f(z_0), f(z_1)$ の近くで再現されているのです．くり返すようですが，この状況を z_0 のところでいってみれば，近似式

$$f(z_0+h) \fallingdotseq f(z_0)+(1+i)h$$

は，h が $|h|=\varepsilon$ の円周上を 1 周するとき，**近似的には $f(z_0+h)$ は $f(z_0)$ を中心にして，半径 $\sqrt{2}\varepsilon$ の円周上を，$\dfrac{\pi}{4}$ だけ先の方を回りながら，1 周すること**を意味しています．

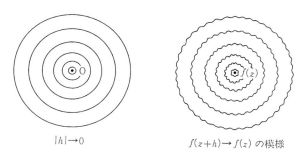

$|h| \to 0$　　　　　$f(z+h) \to f(z)$ の模様

$|h|$ がどんどん小さくなると，この図で h の方は水面に小石を投げたときの波紋が，中心に向かって小さな輪を描いているような状況になります．この波紋の中心に向かって小さくなるようすは，多少の誤差はあるとしても，$f(z_0), f(z_1)$ を中心にした所でも，$f(z_0+h), f(z_1+h)$ の描く波紋の動きとして観察されるのです．波紋はいつもほぼ円い輪を描いて小さくなっていくのです．

つまり，少なくとも $f'(z) \neq 0$ の z の所では，$f(z)$ のまわりで z が $z+h$ へ変わるとき，$f(z+h)$ は波紋が広がるように，近似的には $|h|$ の大きさにしたがって均質に広がっていくのです．

この状況が $f'(z) \neq 0$ をみたす D の各点 z で成り立つことが，$f(z)$ の D における正則な性質を示しているのです．正則性とは，関数 $f(z)$ の値の変化に対して，各点ですべての方向に対して強い

均質性があることを述べているのです.」

　先生の話はここでひとまず終ったが,水面の波紋まででてきた先生の説明に,教室の皆はびっくりしたのかしばらく静まりかえっていた.やがて少し小声で話し合う声が聞えてきた.

「正則性ってのは,"極限状況における波紋"なのか.」

「池に小石を投げたとき,水の輪の広がりからこんどは正則性のことを思い出すことになるのかな.」

「要するに,実数のときには収縮して0に近づく線分の状況が,関数 $y=f(x)$ の各点でどのように近似的に移されるか,その比が $f'(x)$ だったのだけれど,こんどは,0に収縮する円の状況が関数 $w=f(z)$ の各点でどのように表わされるかを調べることになったのね.」

「複素関数の微分ってのは,"平面上の微分"といっていいんだわ,きっと.」

　かず子さんは,ふと前の山田君と道子さんの話を思い出し,しばらく考えてから手を上げた.

「先生,そうすると,前に山田君があげた例,$f(z)=x^2+iy$ が正則でないことは,次のように説明してもよいのでしょうか.

$|h|=\varepsilon$ をみたす h を

$$h = \varepsilon(\cos\theta + i\sin\theta)$$

と書きます.θ が0から 2π まで動くと,h は半径 ε の円を1周します.このように表わすと,いまの場合

$$\begin{aligned}f(z+h) &= (x+\varepsilon\cos\theta)^2+i(y+\varepsilon\sin\theta)\\ &= x^2+2\varepsilon\cos\theta\cdot x+\varepsilon^2\cos^2\theta+iy+i\varepsilon\sin\theta\\ &\fallingdotseq x^2+2\varepsilon\cos\theta\cdot x+iy+i\varepsilon\sin\theta \quad (\varepsilon が十分小さいとき)\end{aligned}$$

となりますから

$$f(z+h)-f(z) \fallingdotseq 2\varepsilon\cos\theta\cdot x+i\varepsilon\sin\theta \qquad (14)$$

となります.いま z はとめて考えていますから,右辺に現われている x は定数です.$x\neq 0$ のときを考えることにします.

　(14)の右辺は,θ が0から 2π まで動くとき,実軸方向に長軸の長さ $2\varepsilon x$,虚軸方向に短軸の長さ ε の楕円の式を表わしています.」

♣ かず子さんにかわって,このことを説明しておくと,ガウス平面を XY-座標平面と考えると
$$X = 2\varepsilon \cos\theta \cdot x, \quad Y = \varepsilon \sin\theta$$
から
$$\frac{X^2}{(2\varepsilon x)^2} + \frac{Y^2}{\varepsilon^2} = 1$$
となる.これはかず子さんのいった楕円の式を表わしている.

「ですから,h が半径 ε の円を回るとき,$f(z)$ の近くで,$f(z+h)$ は,$x=\dfrac{1}{2}$ という特別なときを除けば,円ではなくて,実軸方向に伸び縮みしてしまった楕円の上を回ります——近似的にね.」

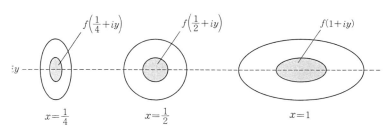

$f(z)(z=x+iy)$ のまわりで広がる $f(z+h)$ の模様

誰かが口をはさんだ.

「楕円の形をした波紋なんてないよ.」

「ええ,だから $f(z)$ は正則ではないのよ.」

山田君はかず子さんの話をじっと聞いていたが,眼を輝かせていった.

「やっとわかった.でもそうすると,ぼくがつくったような複素関数は,ほとんど正則関数ではなくなりそうだな.」

問　題

[1] $f(z)=z\bar{z}$ は正則関数ではない.このことをコーシー・リーマンの関係式が成り立たないことから示しなさい.

[2] $z=x+iy$ に対して

$$f(z) = e^x(x\cos y - y\sin y) + ie^x(x\sin y + y\cos y)$$

とおくと，$f(z)$ は正則関数となる．$f(z)$ に対してコーシー・リーマンの関係式が成り立っていることを示しなさい．

[3]（1） 等比数列の和の公式を使って

$$e^{i\theta} + e^{i2\theta} + e^{i3\theta} + \cdots + e^{in\theta} = \frac{e^{i\theta} - e^{i(n+1)\theta}}{1 - e^{i\theta}}$$

が成り立つことを示しなさい．

（2） この式で実数部分をとることにより

$$\cos\theta + \cos 2\theta + \cos 3\theta + \cdots + \cos n\theta$$

を求めなさい．

お茶の時間

質問 $w = f(z)$ が正則のとき，$f'(z)$ は，原点に近づく半径 $|h| = \varepsilon\ (\varepsilon \to 0)$ の円が，$f(z)$ のまわりでどのように相似拡大（縮小）され，またどれだけ回転された状況で移されるか（近似的）を示していることはよくわかりました．しかし先生の波紋の説明を聞いているうちに，池にいくつも石を投げると，波紋は互いに重なり合って，さざ波を立てたり，打ち消しあったりするけれど，そういうことはどうなのかと思いました．

答 数学の説明で日常的なたとえを使うと，たとえ話の方が一人歩きして，こんどは数学の理解を妨げることもある．波紋のたとえは，あくまで1つの z をとめたとき，$f(z)$ と $f(z+h)$ の関係を記述したもので，波が重なるような状況までこのたとえの中に加えることはできない．

実数の関数 $y = f(x)$ でいえば，もし1つのたとえとして接線を，$y = f(x)$ のグラフに沿って放った矢のようなものであるといったとき，その矢が別の離れた点から放ったもう1本の矢とぶつかったらどうなるかと聞くようなことになる．波紋のたとえは，いってみれば $f(z)$ の "無限小の近く" における挙動を描いているにすぎないのである．

しかし，$y=z^2$ は正則な関数で，$y'=2z$ である．ある点 z_0 を極表示で $z_0=r_0(\cos\theta_0+i\sin\theta_0)$ と表わしておくと，この点で $y'=2r_0(\cos\theta_0+i\sin\theta_0)$ である．したがって $|h|=\varepsilon\,(\varepsilon\to 0)$ の状況は，$z_0{}^2$ の近くでは半径だけが $2r_0$ 倍された状況で，z^2 へ近づく円の状況へと近似的に移されている．各点でこのような均衡のとれた小さな波紋の状況を示しながら，全体としてはその状況が $w=z^2$ という関数の中に盛りこまれていることは，考えてみればやはり不思議な気がする．そうすると結局は君の質問に再び戻ることになるかもしれないが，それはまた正則関数のもつ性質の深さを物語っているともいえるだろう．

金曜日

コーシーの定理

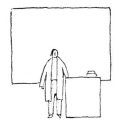

先生の話

皆さんは，昨日の教室での話し合いを通して，正則関数とはどんなものかということが，少しずつわかってきたことでしょう．複素関数 $w=f(z)$ の挙動は，グラフを書いて確かめていくような手がかりがありませんから，霧が少しずつ薄れていく中でその姿の一部分がしだいに彼方に見えてくるといった感じで理解されてくることが多いのです．

正則関数の性質がわかってくるにつれ，正則関数となるような関数は少ないのではないかと思えてきます．私たちが知っている正則関数は，いまのところ

　整式：$w = a_0+a_1z+a_2z^2+\cdots+a_nz^n$　　（a_i は複素数）

と，分母が 0 でないところでの

　有理式：$w = \dfrac{a_0+a_1z+a_2z^2+\cdots+a_nz^n}{b_0+b_1z+b_2z^2+\cdots+b_mz^m}$　　（a_i, b_i は複素数）

だけです．もしこれ以外に正則関数がなかったならば，複素関数に対して，実数関数の場合に見ならって，導入した微分の定義自体が，あまり実効性のないものだったということになるでしょう．しかし，実際は，私たちはたくさんの正則関数を生む土壌をもっています．それはベキ級数です．

オイラーが，いかにも天才らしいごく自然な発想として，実数のベキ級数

$$e^x = 1+\frac{1}{1!}x+\frac{1}{2!}x^2+\cdots+\frac{1}{n!}x^n+\cdots$$

を複素数へと広げましたが，こうして得られた関数 e^z は正則関数となります．

オイラーが見出したこの実数から複素数への道は正しい道だったのです．実数のベキ級数は形式的には直ちに複素数へと拡張することができます．実変数 x を，複素変数 z におきかえさえすればよいのです．しかし，この拡張は形式的な枠を越えて，はるかに実り

あるものを数学にもたらしてくれることになりました．実数のベキ級数は収束域の内部で，何回も微分できる関数となっていましたが，この性質は複素数へ拡張した場合，収束円とよばれる領域の中で正則関数を定義しているという性質へと引き継がれていきます．その意味でベキ級数は収束円の中で正則関数を生む契機を与えてくれたのです．

　もちろん，実数を経由しなくとも，一般的に，**複素数を係数とするベキ級数**

$$a_0 + a_1 z + a_2 z^2 + \cdots + a_n z^n + \cdots \quad (a_i は複素数)$$

から出発して考えはじめるとしても，このベキ級数も収束円とよばれる領域の内部で正則関数を表わしています．

　今日は，このベキ級数で表わされる正則関数の話からはじめます．後半では，正則関数におけるもっとも基本的な定理——コーシーの積分定理——について，その概要を話してみることにしましょう．

複素数のベキ級数

　私たちがここで問題とするのは，複素数を係数とし，変数もまた複素数のベキ級数

$$\alpha_0 + \alpha_1 z + \alpha_2 z^2 + \cdots + \alpha_n z^n + \cdots$$

のもつ基本的な性質である．（ここではとくに実数の係数と対比するために，複素数の係数を表わすのにギリシャ文字 α を使っている．）

　ベキ級数の係数も変数も，ともに実数のときには，私たちはベキ級数のもつ基本的な性質をすでに第1週木曜日，金曜日に詳しく述べてきた．ところがこれらの性質は，実数から複素数へと数学の舞台を広げていく過程でも，見かけ上，まったくそのままの形で保たれていくのである．その事情は，ベキ級数の形式の中にひそむ2つの概念は，四則演算と"近づく"ということであったが，四則演算はそのままの形で実数から複素数へと広げられ，"近づく"ということは，実数の絶対値の代りに複素数の絶対値を用いれば，同じよ

うに記述できたということによっている．念のため，この事情のいくつかを，実数と複素数との対比の形で記しておこう．

[実　数]   [複素数]

数列の収束   **数列の収束**

$$\lim_{n\to\infty} a_n = A$$ $$\lim_{n\to\infty} \alpha_n = \tilde{A}$$

$\iff$ 正数 ε に対し，ある番号 N ： $\iff$ 正数 ε に対し，ある番号 N ：

$n \geq N$ ならば $|a_n - A| < \varepsilon$ $n \geq N$ ならば $|\alpha_n - \tilde{A}| < \varepsilon$

級数の収束   **級数の収束**

$$\sum_{k=1}^{\infty} a_k = \sigma$$ $$\sum_{k=1}^{\infty} \alpha_k = \tilde{\sigma}$$

$\iff$ 正数 ε に対し，ある番号 N ： $\iff$ 正数 ε に対し，ある番号 N ：

$n \geq N$ ならば $\left|\sum_{k=1}^{n} a_k - \sigma\right| < \varepsilon$ $n \geq N$ ならば $\left|\sum_{k=1}^{n} \alpha_k - \tilde{\sigma}\right| < \varepsilon$

絶対値の性質   **絶対値の性質**

$|a+b| \leq |a| + |b|$ $|\alpha+\beta| \leq |\alpha| + |\beta|$

とくに $|a_n x^n| < r < 1$ ならば   とくに $|\alpha_n z^n| < r < 1$ ならば

$|\sum a_n x^n| \leq \sum |a_n||x|^n \leq \dfrac{1}{1-r}$ $|\sum \alpha_n z^n| \leq \sum |\alpha_n||z|^n \leq \dfrac{1}{1-r}$

微分の定義   **微分の定義**

$$\lim_{h\to 0} \frac{f(x+h)-f(x)}{h} = f'(x)$$ $$\lim_{h\to 0} \frac{f(z+h)-f(z)}{h} = f'(z)$$

とくに $(x^n)' = nx^{n-1}$ とくに $(z^n)' = nz^{n-1}$

この表わし方で，左側と右側はまったく同じ形で書かれている点が，注意すべき点なのである．実際は昨日も話したように，実数と複素数の場合では，数列の近づき方も，変数の近づき方も，ガウス平面上に表わしたときには，そのようすはまったく違っている．しかしその違いは，上の対比の中には表立って取り出されていない．ところが実数のベキ級数に対する性質は，この左側の表わし方だけを用いて導いてきた（第 1 週木曜日，金曜日）．したがって，同じ内

容を右側の表わし方を用いて述べると，複素数のベキ級数に対する定理となる．それを以下で列記しておこう．

> **定理I** ベキ級数 $\sum_{n=0}^{\infty} \alpha_n z^n$ が，$z=z_0$ で収束するならば，$|z|<|z_0|$ をみたすすべての z で絶対収束する．

ここで絶対収束するとは，各項の絶対値をとって得られる正項級数 $\sum_{n=0}^{\infty}|\alpha_n||z|^n$ が収束することをいう．

このことから，ベキ級数 $\sum_{n=0}^{\infty} \alpha_n z^n$ の収束については3つの場合が生ずることがわかる．すなわち，すべての z に対して収束（絶対収束）するか，またはある正数 r が存在して，

$$|z|<r \text{ で収束,} \quad |z|>r \text{ で発散}$$

するか，または $z=0$ 以外では発散するかである．第1の場合には**収束半径は $+\infty$**，第2の場合には**収束半径は r**，第3の場合には**収束半径は0**であるという．収束半径を r とすると，$r>0$ のとき

$$|z|<r$$

という範囲は，第1の場合はガウス平面全体となり，第2の場合は，原点を中心とする半径 r の円の内部となる．この範囲を，ベキ級数の**収束円の内部**という．

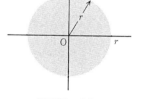

収束円の内部

> **定理II** ベキ級数 $\sum_{n=0}^{\infty} \alpha_n z^n$ の収束半径は
> $$r = \frac{1}{\overline{\lim} \sqrt[n]{|\alpha_n|}}$$
> で与えられる．ただし右辺の分母が0となるときは $r=+\infty$ とおき，$+\infty$ となるときは $r=0$ とおく．
>
> とくに
> $$\lim_{n \to \infty} \frac{|\alpha_n|}{|\alpha_{n+1}|}$$
> が存在する場合には，この値が収束半径 r と一致する．

以下では収束半径 r は正，または $+\infty$ とする．

定理III $f(z) = \sum_{n=0}^{\infty} \alpha_n z^n$ は，収束円の内部で正則な関数である．

導関数 $f'(z)$ は，$\sum_{n=0}^{\infty} \alpha_n z^n$ を各項ごとに微分して

$$f'(z) = \sum_{n=1}^{\infty} n \alpha_n z^{n-1}$$

と表わされる．このベキ級数の収束半径は，$\sum_{n=0}^{\infty} \alpha_n z^n$ の収束半径に等しい．

定理IV $f(z) = \sum_{n=0}^{\infty} \alpha_n z^n$ は，収束円の内部では何回でも微分できる．$f(z)$ の k 階の導関数を $f^{(k)}(z)$ とすると

$$f^{(k)}(z) = \sum_{n=k}^{\infty} n(n-1)(n-2) \cdots (n-k+1) \alpha_k z^{n-k}$$

と表わされる．この右辺のベキ級数の収束半径は，$f(z)$ の収束半径に等しい．

定理V $f(z) = \sum_{n=0}^{\infty} \alpha_n z^n$ の係数 α_n は，

$$\alpha_n = \frac{1}{n!} f^{(n)}(0)$$

と表わされる．したがって

$$f(z) = \sum_{n=0}^{\infty} \frac{1}{n!} f^{(n)}(0) z^n$$

が成り立つ．

ベキ級数の表わす正則関数

　ここで述べた定理IからVまでで，複素数のベキ級数の性質と，またベキ級数によって表わされる正則関数の性質がはっきりしてきた．ベキ級数によって表わされる正則関数は，何回でも微分することができるし，微分を繰り返して行なっていくにしたがって，しだいにベキ級数の先にある項——高次の項——が，前へ前へと送り出

されてくる．またベキ級数によって表わされる正則関数は，その定義されている範囲が円の内部であるという独特な性質をもっている．この性質はベキ級数を構成している各 z^n のもつ強い対称性に由来しているのだろう．（z が原点中心の円周上にあるとき，z をこの円周上 θ だけ回転させた $e^{i\theta}z$ を考える．このとき，$(e^{i\theta}z)^n = e^{in\theta}z^n$ もまた，z^n と同じ円周上にある．）

オイラーが，関数 $y=e^x$ に対して最初に示したように，もし $y=f(x)$ という実数の関数がマクローラン展開可能で

$$f(x) = a_0 + a_1 x + a_2 x^2 + \cdots + a_n x^n + \cdots \qquad (1)$$

と表わされるならば，私たちは自然に複素数の関数

$$f(z) = a_0 + a_1 z + a_2 z^2 + \cdots + a_n z^n + \cdots \qquad (2)$$

を考えることができる．(1)も(2)も収束半径 r は定理IIで与えられた形となっているが，(1)は実軸上に限って考えていたため，収束域は開区間

$$-r < x < r$$

となっていたが，(2)はガウス平面上で，半径 r の円の内部

$$|z| < r$$

となっている．

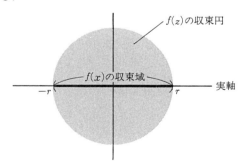

ガウス平面を背景にして(2)の方をじっと見ていると，逆に(1)は，(2)を実軸上に制限して考えていたにすぎなかったのだという感じが横切ってくるだろう．そしてさらに図を見ていて不思議に思うことは，ベキ級数として扱う限り，実軸上の収束域で成り立つ微分の規則が，そっくりそのままの形で収束円の中で成り立っていることである．

実数の関数 $y=f(x)$ がマクローラン展開可能であるという条件，すなわち，マクローランの定理の剰余項 $\frac{1}{n!}f^{(n)}(\theta x)x^n$ $(0<\theta<1)$ が $n\to\infty$ のとき $\to 0$ となるという条件は，実は複素数まで視野を広げてみれば，$f(x)$ を複素数の収束円の中で定義された正則関数にまで，"一気に"拡張できるということを保証していたのである．

　この一般的見地に立てば，$e^x, \cos x, \sin x$ を，それぞれのマクローラン展開から出発して，複素数全体で定義された正則関数へと拡張していくことができる．このようにして得られた正則関数を，$e^z, \cos z, \sin z$ と表わす：

$$e^z = 1 + \frac{1}{1!}z + \frac{1}{2!}z^2 + \frac{1}{3!}z^3 + \cdots + \frac{1}{n!}z^n + \cdots$$

$$\cos z = 1 - \frac{1}{2!}z^2 + \frac{1}{4!}z^4 - \cdots + (-1)^n \frac{1}{(2n)!}z^{2n} + \cdots$$

$$\sin z = z - \frac{1}{3!}z^3 + \frac{1}{5!}z^5 - \cdots + (-1)^n \frac{1}{(2n+1)!}z^{2n+1} + \cdots$$

　昨日最初に述べたオイラーの公式は，e^z が虚軸上でとる値 $e^{i\theta}$ が，$\cos z, \sin z$ が実軸上でとる値 $\cos\theta, \sin\theta$ と関係していて，関係式

$$e^{i\theta} = \cos\theta + i\sin\theta$$

が成り立つということであった．このオイラーの関係式から，$z = x+iy$ とすると

$$e^z = e^{x+iy} = e^x(\cos y + i\sin y)$$

と表わされる．この関係は，関数 $w=e^z$ を変数 z を表わすガウス平面——z-平面——から，変数 w を表わすガウス平面——w-平面——への写像と考えると，e^z によって，z-平面上の点 $z=x+iy$ が w-平面上の長さ e^x，偏角 y の点に移されることを示している．z の虚数部分 y は，e^z では偏角に対応しているのである．

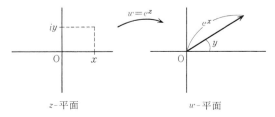

z-平面　　　　　　　w-平面

したがって実数部分が1であるような複素数 $1+iy$ を考えて，y が虚軸の方向に移動すると，w-平面上では e^z によるこの像は，原点中心，半径 e の円周上をぐるぐる周期的に回っている動点としてキャッチされることになる．また z-平面上の虚軸は，w-平面上の単位円周へと移される．直観的には，虚軸の長い縦糸が，単位円周にぐるぐるまきついていくのである．

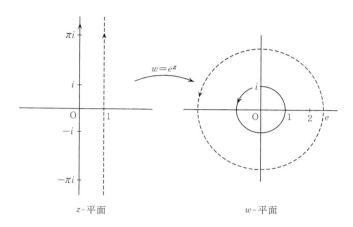

コーシーの定理

昨日の"先生との対話"でも述べたように，ある領域 D で定義されている正則関数 $w=f(z)$ の，**局所的な変化**のようすというのは，次のような形で捉えることができる．z-平面での，各点 z のまわりの小さな波紋が $f(z)$ によって w-平面上に移されると，そこでは $w=f(z)$ のまわりの小さな波紋——z-平面上の波紋を相似と回転で移したもの——が近似的に描かれてくる．別の言い方をしてみれば，$f(z)$ の値は，各点の近くでは，ガウス平面上のすべての方向に向かって，均質に広がっていこうとしているようにみえる．

しかし一方では，さまざまなベキ級数が正則関数を表わしている以上，正則関数は十分多くあって，1つ1つの正則関数は領域 D で複雑多様な変化をしているのだろう．これは関数の**大域的な変化**である．しかし，正則性という性質は，この大域的な変化の過程に

あっても，各点の近くでは均質に広がっていくという性質を保つことを要求している．各点において微妙な変化のバランスを保ちながら，大域的に変化していく正則関数 $f(z)$ の不思議な挙動を数学的に定式化して述べることができるのだろうか．

これに対して，コーシーの定理が1つの決定的な答を与えた．そしてそれが複素関数の理論を築き上げていくときの礎石となったのである．説明はあとにして，まずコーシーの定理を述べてみよう．

> **コーシーの定理** $f(z)$ を，領域 D で定義されている正則関数とする．D の中を1周する曲線を C とする．C の内部はすべて D の点からなっているとする．このとき
> $$\int_C f(z)dz = 0$$
> が成り立つ．

［定理の説明］ まず z-平面に領域 D があり，D で定義されている正則関数 $f(z)$ がある．D の1点 z_0 をとると，z_0 の近くでは近似式

$$f(z) \fallingdotseq f(z_0) + f'(z_0)(z-z_0) \qquad (3)$$

が成り立っている．この近似式は別の見方でみると，$f(z_0)$ の近くで，$f(z)$ が，すべての方向に "$f'(z_0)$ の比で"（近似的に）均質に広がっていくようすを示している．漠然とはしているけれど，$f(z)$ についてそのような描像を頭の中においておくことにしよう．

次に領域 D の中を1周している曲線——閉曲線——C がある．閉曲線 C をパラメータ t を使って表わすには，時間 0 から出発して，1周して1時間後には出発点にもどったとするとよい．$0 \leqq t \leqq 1$ をみたす t をとると，t 時間たったときにいる場所が，z-平面上で複素数 $z(t) = x(t) + iy(t)$ として表わされている．1周してもとにもどることは，

$$z(0) = z(1)$$

と書くことができる．

私たちは曲線 C に "区分的に滑らか" という条件をつけておこう．

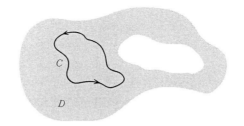

それは、$z(t)=x(t)+iy(t)$ において、0 から 1 までの間の有限個の t の値 $s_1,\cdots,s_k$ を除くと、$x'(t), y'(t)$ が存在してともに連続となっているという条件である．（なお補足的な条件 $x'(t)^2+y'(t)^2 \neq 0$ もおく．） 図を見ると、この条件の意味するものがどんなものかわかるだろう．

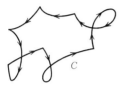

区分的に滑らかな閉曲線

最後に積分

$$\int_C f(z)dz$$

の意味であるが、0 と 1 の分点 $0=t_0<t_1<t_2<\cdots<t_{n+1}<t_n=1$ をとって、$z_i=z(t_i)$ $(i=0,1,2,\cdots,n)$ とおく．また $\tilde{z}_i$ は z_i と z_{i+1} の間にある C 上の任意の点とする．このとき

$$\int_C f(z)dz = \lim_{\text{分点の間隔}\to 0} \sum_{i=0}^{n-1} f(\tilde{z}_i)(z_{i+1}-z_i)$$

とおくのである．なお、この右辺の極限値は、$\tilde{z}_i$ のとり方によらず、いつも一定の値となることがわかっている．

なおこのような"複素積分"は、閉曲線でなくとも、2 点 A, B を結ぶ任意の曲線 C に沿っても同様の形で定義することができる．それを

$$\int_C f(z)dz$$

と書く．この値は複素数だから、何か具体的なものを測っている量を示しているなどと、早合点してはいけない．A から B までいく曲線 C を 1 つ決めておくと、C に沿って A から B に行くことと、C に沿って B から A へもどることとが考えられる．A から B に行くときには、z_i, z_{i+1} の順で踏んでいった細分点（積分を近似する

式では $z_{i+1}-z_i$ として現われる) は，B から A へもどるときは z_{i+1}, z_i の順で踏んでいくことになる．このことから

$$\int_A^B f(z)dz = -\int_B^A f(z)dz \quad (C に沿って)$$

が成り立つことがわかる．

コーシーの定理の証明——その考え方

　コーシーの定理を厳密に示すには，少し数学的なテクニックを必要とするので，ここではむしろ，コーシーの定理を成立させる背景の方を明らかにしてみよう．(詳しい証明はたとえば，志賀『複素数 30 講』(朝倉書店)を参照して頂きたい．)

　まず，$z_{i+1}-z_i$ は，z_i と z_{i+1} を結ぶベクトルとして表わされているから，C が多角形の周の場合，図から明らかに

$$\sum (z_{i+1}-z_i) = 0$$

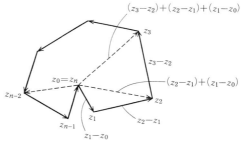

となる．

　したがってまた，一般の閉曲線 C を多角形の周として近似していけば，このような和の極限値はやはり 0 となっていることがわかる．このことは上の積分の定義を参照すると

$$\int_C 1\,dz = 0 \tag{4}$$

となることを示している．

　次に $f(z)=z$ のときを考えよう．C の分点

$$z_0, \ z_1, \ \cdots, \ z_i, \ z_{i+1}, \ \cdots, \ z_n = z_0 \quad (z_i = z(t_i))$$

に対し
$$\tilde{z}_0 = \frac{z_0+z_1}{2}, \cdots, \tilde{z}_i = \frac{z_i+z_{i+1}}{2}, \cdots, \tilde{z}_{n-1} = \frac{z_{n-1}+z_n}{2}$$
とおく．$\tilde{z}_i$ は C 上にあるとは限らないが，C は区分的に滑らかな曲線だったので
$$\int_C z\,dz = \lim \sum_{i=0}^{n-1} \frac{z_i+z_{i+1}}{2}(z_{i+1}-z_i)$$
が成り立つことがわかる．ところがこの右辺は
$$\lim \sum_{i=0}^{n-1} \frac{z_i+z_{i+1}}{2}(z_{i+1}-z_i) = \frac{1}{2}\lim \sum_{i=0}^{n-1}(z_{i+1}^2-z_i^2)$$
$$= \frac{1}{2}\lim\{(z_1^2-z_0^2)+(z_2^2-z_1^2)+\cdots+(z_{i+1}^2-z_i^2)+\cdots$$
$$+(z_n^2-z_{n-1}^2)\}$$
$$= \frac{1}{2}\lim(z_n^2-z_0^2) = 0 \quad (z_n=z_0 \text{ !})$$
である．

したがって
$$\int_C z\,dz = 0 \tag{5}$$
も成り立つことがわかった．

(4)と(5)は，1次式で表わされる正則関数 $A+Bz$ に対して，つねに
$$\int_C (A+Bz)dz = 0$$
が成り立つことを示している（注意：$\int_C(A+Bz)dz = A\int 1\,dz + B \times \int z\,dz$）．

さてここで改めて最初にもどって(3)を見てみよう．この式は，z_0 の近くでは，$f(z)$ は近似的には1次式
$$f(z_0)+f'(z_0)(z-z_0)$$
で表わされるといっている．したがって z_0 を回るごく小さな閉曲

線 $\tilde{C}$ をとると

$$\int_{\tilde{C}} f(z)dz \fallingdotseq \int_{\tilde{C}} \{f(z_0) + f'(z_0)(z-z_0)\}dz = 0$$

となるだろう．すなわち，z_0 のごく近くを回る閉曲線 $\tilde{C}$ をとると

$$\int_{\tilde{C}} f(z)dz \fallingdotseq 0 \qquad (6)$$

となっているが，この事実が，正則関数が各点のまわりで，すべての方向に（近似的にではあるが）均質に広がっていくようすを示していると考えるのである．

これだけの準備で，コーシーの定理の証明の考え方を説明できる．

領域 D の中に閉曲線 C があったとする．C は自分自身と交わっているかもしれないが，ここでは簡単のために交わらないで1周するときを考えよう．また定理で述べているように，C の内部はすべて D の点からなっているとする．

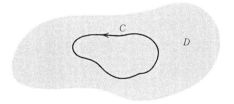

C の内部を図のように，細かく網目に分ける．そしてこの網目のそれぞれを1周する閉曲線を $\tilde{C}_1, \tilde{C}_2, \tilde{C}_3, \cdots, \tilde{C}_l$ とする．1つ1つの網目を回る向きは，C が網の外周を回る向きと同じとする．

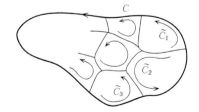

ところが積分の定義から，隣り合った網目を回るとき共有している辺上では向きが逆になり，積分はここでは打ち消し合う．したがって

$$\int_C f(z)dz = \int_{\tilde{C}_1} f(z)dz + \int_{\tilde{C}_2} f(z)dz + \cdots + \int_{\tilde{C}_k} f(z)dz \quad (7)$$

となる．ここで(6)を見てみると，網目を十分小さくすると

$$\int_{\tilde{C}_1} f(z)dz \fallingdotseq 0, \ \int_{\tilde{C}_2} f(z)dz \fallingdotseq 0, \ \cdots, \ \int_{\tilde{C}_n} f(z)dz \fallingdotseq 0$$

となっていることがわかる．

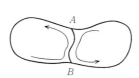
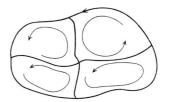

AB間の積分は打ち消される　　外周に沿う積分は中の4つを回った積分の和に等しい

　網目をどんどん小さくしていくと，網目に沿う積分 $\int_{\tilde{C}_i} f(z)dz$ は0に近づく．一方，このとき網目の数は増えていく．(7)の右辺では，1つ1つの項が0に近づいていくというゲームと，それらをどんどん加えていくという2つのゲームが展開する．最終的には0に近づく方が勝つのか，それともそれを阻止することができるのか．

　状況はまことに微妙であるが，上手に証明の道筋を選ぶと，結局0に近づく方が勝つことがわかり，網目の大きさを0に近づけた極限として

$$\int_C f(z)dz = 0$$

が証明されるのである．

歴史の潮騒

　実数から複素数へと関数の理論を広げる道は，ベキ級数によって与えられたが，複素積分の考えが導入されるに至って，理論は飛躍的に成長したのである．

　複素積分の考えを書簡の形ではあったが，最初に明らかにしたのはガウスであったが，それを述べる前に，コーシーの定理について，

もう少し補足的な注意を与えておこう．

ガウス平面上の2点A, Bを結ぶ曲線Cをとったとき，Cに沿っての複素積分

$$\int_C f(z)dz$$

を考えることができる．$f(z)$は正則と仮定しなくとも，連続な関数でよい．このときこの値は端点A, Bだけで決まるのか，それともA, Bを結ぶ別の曲線$\tilde{C}$をとると，$\int_{\tilde{C}} f(z)dz$は別の値をとることがあるのだろうか．コーシーの積分定理は，これに対して1つの

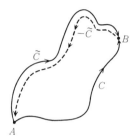

はっきりした解答を用意したことになっている．すなわち

"Cと$\tilde{C}$で囲まれる内部の領域で，**$f(z)$が正則ならば**，$\int_C f(z)dz = \int_{\tilde{C}} f(z)dz$である．すなわちこのときは，積分の値は端点だけで決まるから，この積分を$\int_A^B f(z)dz$と書いてもさしつかえない．"

なぜならば，$\tilde{C}$を逆にたどってBからAへもどるように考えたものを$-\tilde{C}$と表わすと，Cと$-\tilde{C}$をあわせたもの$C \cup -\tilde{C}$は，AからAへもどる閉曲線となる．したがって条件からコーシーの定理が使えて

$$0 = \int_{C-\tilde{C}} f(z)dz = \int_C f(z)dz + \int_{-\tilde{C}} f(z)dz$$

$$= \int_C f(z)dz - \int_{\tilde{C}} f(z)dz$$

となり，$\int_C f(z)dz = \int_{\tilde{C}} f(z)dz$が示されるからである．

1811年に書かれたベッセルあてのガウスの手紙はこの問題に触

れている．ガウスはしかし一般には，複素積分 $\int_C f(z)dz$ の値は，端点 A, B を決めておいても，A, B を結ぶ曲線のとり方によって変化すると注意している．そしてこのことこそ，対数関数の無限多価性（木曜日"歴史の潮騒"参照）を説明するものであると示唆している．

このガウスの考えをていねいに述べてみると次のようになる．私たちは，正数 a に対して $\log a$ を実数のふつうの積分を用いて

$$\log a = \int_1^a \frac{1}{x} dx$$

と表わすことができる．$\log(-1)$ の値をこの考えで求められないのは，実軸上で考える限り，1 から -1 へと進むとき，$\frac{1}{x}$ の分母を 0 とする場所を通ってしまうからである．しかしガウス平面上ならば，0 を迂回して，1 から -1 へと移ることができる．実際，単位円周の上半分を積分路 C にとって，1 から -1 まで $\frac{1}{z}$ を積分してみると

$$\int_C \frac{1}{z} dz = \int_0^\pi \frac{1}{e^{i\theta}} i e^{i\theta} d\theta \quad (z = e^{i\theta} = \cos\theta + i\sin\theta, \quad dz = ie^{i\theta}d\theta)$$
$$= \pi i$$

となる．したがって $\log(-1) = \pi i$ とおくとよいと思える．

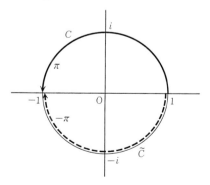

だが，単位円周の下半分を積分路 $\tilde{C}$ にとって，1 から $-1(= e^{-\pi i})$ まで $\frac{1}{z}$ を積分してみると

$$\int_{\tilde{C}} \frac{1}{z} dz = \int_0^{-\pi} \frac{1}{e^{i\theta}} i e^{i\theta} d\theta$$

$$= -\pi i$$

となる．$\log(-1) = -\pi i$ ともなるのである．あるいは $\log(-1) = \pi i - 2\pi i$ と書いておいた方がよいかもしれない．

このようなことが起きるのは，C と $\tilde{C}$ で囲まれた内部の領域——単位円の内部——で，$\dfrac{1}{z}$ は正則でない点 $z=0$ をもつからである．

同じ事情で実際は $\log 1$ も多価性をもつのである．それをみるために，1 から出発して，単位円周を n 回まわって 1 にもどるような積分路 C_n をとると

$$\int_{C_n} \frac{1}{z} dz = 2n\pi i \qquad (n = 0, \pm 1, \pm 2, \cdots)$$

となる．（$n=0$ のときは，C_n として 1 から出発して 1 のまわりを小さく 1 周する積分路をとる．このときコーシーの定理から積分の値は 0 となる．）したがって複素数の中で考えると，$\log 1$ は "無限多価性" を示して

$$\log 1 = 2n\pi i \qquad (n = 0, \pm 1, \pm 2, \cdots)$$

となる．またたとえば

$$\log(-1) = \pi i + 2n\pi i \qquad (n = 0, \pm 1, \pm 2, \cdots)$$

となる．

ガウスはこのことを生前発表することはなかったが，複素積分のもつ意味をよく知っていたのである．しかし，複素関数を微分することと，この複素積分の関連については何も述べていないようである．コーシーは，上に述べた定理の 1 つの証明を 1814 年にパリ学士院に送っていたが，1825 年の論文でそれを公けにした．

1846 年の論文では，上の定理に対して次のような見通しのよい見事な証明を与えた．

$f(z)$ を連続な複素関数とし

$$f(z) = P(x, y) + iQ(x, y)$$
$$dz = dx + idy$$

と表わしておくと，閉曲線 C に沿う $f(z)$ の複素積分は

$$\int_C f(z) dz = \int_C (P + iQ)(dx + idy)$$

$$= \int_C (Pdx - Qdy) + i\int_C (Pdy + Qdx)$$

と表わされる．この右辺の2つの積分は閉曲線Cを座標平面にあると考えたときの線積分を表わしている．コーシーはここに，1828年にグリーンとオストログラドスキによって独立に得られた結果——現在グリーンの公式とよばれている——を適用したのである．その結果は

$$\int_C f(z)dz = \iint \left(\frac{\partial P}{\partial y} + \frac{\partial Q}{\partial x}\right)dxdy + i\iint \left(\frac{\partial P}{\partial x} - \frac{\partial Q}{\partial y}\right)dxdy$$

となった．この右辺の積分はCで囲まれた内部の領域上の面積分であるが，ここで積分する関数は，もし$f(z)$が正則ならば，コーシー・リーマンの関係式から0となっている．したがって，$f(z)$が正則ならば$\int_C f(z)dz = 0$が成り立つ．

♣ このコーシーの証明は簡明だが，$f'(z) = \frac{\partial P}{\partial x} + i\frac{\partial Q}{\partial x} = \frac{1}{i}\frac{\partial P}{\partial y} + \frac{\partial Q}{\partial y}$の連続性を仮定している．実は，$f(z)$が正則ならば，$f'(z)$は必ず連続となる．この不思議な結果を示すには，$f'(z)$の連続性を仮定することなしに，$\int_C f(z)dz = 0$を導くことがまず必要であった．そのような証明は1900年になってグルサにより得られた．"コーシーの定理の証明——その考え方"で述べた考え方は，このグルサの証明のラインにしたがったものである．

先生との対話

明子さんがコーシーの定理に関連して質問した．

「$f(z)$が，たとえばe^zや$\sin z$のようにガウス平面全体で正則のときには，2点A, Bを勝手にとったとき，AからBへ行く道Cを，どんなに遠く迂回するようにとっても複素積分の値

$$\int_C f(z)dz$$

は，Cによらないということでした．端点A, Bにしかよらないから$\int_A^B f(z)dz$と書いてもよいということでしたね．AからBへの

近道をとっても，長い迂回路をとっても複素積分の値に変わりはないということは，どうも私がもっている積分の感じにそぐわないところがあるような気がします．日常的なことで，これに近いようなことはあるのでしょうか．」

「先生も最初は明子さんと同じように，コーシーの定理をどう理解してよいのか戸惑った記憶があります．しかししばらくして，複素積分とは，数の足し算の極限ではなく，$f(\tilde{z}_i)(z_{i+1}-z_i)$ というベクトルの足し算の極限なのだということに気がついて，少し事情がわかるようになりました．ベクトルの足し算が打ち消し合う状況は，積分の記号からだけではなかなか察知しにくいのですね．日常的な例でいえば，大きな川を上ったり下ったりするたくさんの船を考えるとよいかもしれません．川上 A 地点にある船着場から，川下 B 地点にある船着場まで行く船は，どんな経路をとったとしても，A から出発し，B にたどりつくまでの間，高低差でどれだけ下がったかということに注目する限り，その値は経路によらず一定で変わらないでしょう．明子さんの引用した $e^z, \sin z$ などをこのようなたとえでいえば，任意の2点 A, B に対し，高低差のような決まった値 $\int_A^B e^z dz, \int_A^B \sin z dz$ があって，それを測るのに，A から B までの何でもよいから適当な経路 C を使うのだという見方もできるのです．」

「それでも，正則性という性質がどのように効いているのか，まだよくわからないわ」と明子さんがつぶやいた．

それに対して先生が

「直観的にはどうしてもよみとれないところに，コーシーの定理の深さがあると考えた方がよいかもしれませんね．」
とつけ加えられた．

山田君が，昨日のことを思い出して，面白いことを注意した．

「$f(z)$ が正則でないときは，コーシーの定理が使えず，道のとり方で，積分の値が違うことがあるということを確かめてみたいと思いました．そこで昨日，ぼくが話題に出した正則でない関数

$$f(z) = x^2 + iy \quad (z = x + iy)$$

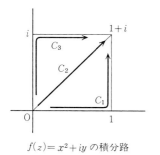

$f(z) = x^2 + iy$ の積分路

を，0から$1+i$まで，図のように3つの道C_1, C_2, C_3に沿って積分してみました．

(1) 正方形の下辺を通る道C_1：
$$\int_0^1 x^2 dx + \int_0^1 (1+iy)i\,dy = \frac{1}{3} + \left(i - \frac{1}{2}\right) = -\frac{1}{6} + i$$

(2) 正方形の対角線を通る道C_2：

対角線上の複素数は$z = t + it \; (0 \leqq t \leqq 1)$と表わされるから，$dz = (1+i)dt$により
$$\int_0^1 (t^2 + it)(1+i)dt = \left(\frac{1}{3} + \frac{1}{2}i\right)(1+i)$$
$$= -\frac{1}{6} + \frac{5}{6}i$$

(3) 正方形の上辺を通る道C_3：
$$\int_0^1 iy\,i\,dy + \int_0^1 (x^2 + i)dx = -\frac{1}{2} + \left(\frac{1}{3} + i\right)$$
$$= -\frac{1}{6} + i$$

このときは，(1)，(3)の結果と(2)とは値が違うんですね．びっくりしてしまいました．」

かず子さんが，"歴史の潮騒"を読み直して，ガウスが複素積分の考えを用いて，対数関数の多価性を発見したことを，ガウスが複素数という未知の世界へ積分路を延ばしながら探検していくようだと感じていたが，山田君の話を聞いて，1つのことを思いついて質問した．

「山田君のいまの話では，$x^2 + iy$が正則関数でないので，積分の値が積分路のとり方によって変わったわけですね．$\frac{1}{z}$のときは，この関数が$z = 0$では定義されていないという意味でやはり正則でなくて，単位円周を1周する積分路でコーシーの定理が使えなくなったのですね．一般にn周する積分路C_nをとると
$$\int_{C_n} \frac{1}{z} dz = 2n\pi i$$

となること，したがって対数関数は多価性を示して $\log 1 = 2n\pi i$ ($n = 0, \pm 1, \pm 2, \cdots$) となることもわかりました．でも，いま山田君の話を聞いて思ったのですが，1 から出発して 1 にもどる積分路など，単位円周 C だけではなくて，いろいろなもの，たとえば…」と言って，かず子さんは前に進んで黒板に図を書いて「ここに書いた $\tilde{C}$ のようなものもあります．$\tilde{C}$ に沿って $\dfrac{1}{z}$ を積分すれば，対数関数は別の多価性を示してくるのではないですか．」

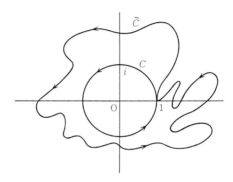

「よい質問ですが，そういうことは起きません．その保証にこんどはコーシーの定理が効いてくるのです．」

そう言ってから，先生はかず子さんが黒板に書いた図に少し手を加えて，それを指し示しながら説明された．

「この図を見るとわかるでしょうが，カゲをつけた部分は，C と，$\tilde{C}$ を逆に回った $-\tilde{C}$ で囲まれた領域です．この領域の中には原点 O は含まれていませんから，ここでは $\dfrac{1}{z}$ は正則な関数です．したがってコーシーの定理が使えて，この周に沿って $\dfrac{1}{z}$ を積分すると 0 になります．すなわち

$$\int_C \frac{1}{z} dz + \int_{-\tilde{C}} \frac{1}{z} dz = \int_C \frac{1}{z} dz - \int_{\tilde{C}} \frac{1}{z} dz = 0$$

が成り立ち，これから

$$\int_{\tilde{C}} \frac{1}{z} dz = \int_C \frac{1}{z} dz = 2\pi i$$

がわかります．ですから，積分路として $\tilde{C}$ をとっても，C を回ったときと同じ値 $2\pi i$ しか得られないのです．

金曜日　コーシーの定理　121

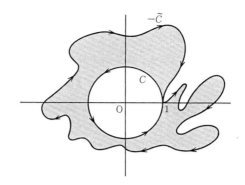

　同じような考えで，1から出発して1にもどる原点を回る積分路をどんなにとってみても，この積分路に沿って $\frac{1}{z}$ を積分した結果は，適当な n をとると，$2n\pi i$ ($n=0, \pm 1, \pm 2, \cdots$) となることがわかります．その意味で対数関数の多価性は，原点を回る円周の積分路で，すべて捉えられているのです．」

問　題

[1] $f(z)=x^2+iy$ を，原点から出発して，頂点 $1, 1+i, i$ を通ってもとにもどる正方形の周に沿って積分しなさい．

[2] 単位円周を正の向きに1周する積分路を C とするとき
$$\int_C \frac{e^z}{z} dz$$
を求めなさい．

[3] (1) $\cos i$ は実数で，$\sin i$ は純虚数であることを示しなさい．
(2) $\sin 2i = 2\sin i \cos i$ という公式を用いて，等式
$$1 + \frac{2^2}{3!} + \frac{2^4}{5!} + \frac{2^6}{7!} + \frac{2^8}{9!} + \cdots$$
$$= \left(1 + \frac{1}{2!} + \frac{1}{4!} + \frac{1}{6!} + \cdots\right)\left(1 + \frac{1}{3!} + \frac{1}{5!} + \frac{1}{7!} + \cdots\right)$$
が成り立つことを示しなさい．

お茶の時間

質問 今日のお話と直接関係しないかもしれませんが，前から気になっていたことがあるので教えていただけませんか．いつかどこかの本で i^i は実数であると書いてあるのを見たことがあります．しかし，i の i 乗などどうやって決めた数なのか見当もつきません．何だか気持の悪い数のようですが，このことについてお話して下さい．

答 私たちはベキについては，$a>0$ のとき実数 x に対して a^x の値を次のように決めてきた．自然数 n に対しては $a^n = \overbrace{a \cdot a \cdots a}^{n}$，また $a^0 = 1$；分数 $\frac{n}{m}$ に対しては $a^{\frac{n}{m}} = \sqrt[m]{n}$．正の実数 x に対しては分数の増加数列 $r_1 < r_2 < \cdots < r_n < \cdots \to x$ をとって $a^x = \lim a^{r_n}$．最後に負の数 x に対しては $a^x = \dfrac{1}{a^{-x}}$ と定義する．

このように決めると，a^x は x を変数とする関数となる．a がとくに e のときには指数関数 e^x になっている．指数関数 e^x は，複素関数 e^z にまで拡張されたのだから，a^x も複素数 z にまで変数が動けるようにして，ベキ a^z が考えられるようにしたい．それには $a > 0$ のとき，ベキは指数関数を用いて

$$a^x = e^{x \log a}$$

と表わされることに注意するとよい．この等式を確かめるには，たとえば両辺の対数をとって等しいことをみるとよいだろう．

したがって，$a>0$ のとき，複素数 z に対して

$$a^z = e^{z \log a} \qquad (*)$$

と定義することは自然な道となる．たとえば複素数の中では，対数関数は多価関数だから，2 の対数は

$$\log 2 + 2n\pi i \qquad (n = 0, \pm 1, \pm 2, \cdots)$$

と表わされる．したがってたとえば

$$2^i = e^{i(\log 2 + 2n\pi i)} = e^{i \log 2} e^{2m\pi} \qquad (m = -n)$$
$$= e^{2m\pi}\{\cos(\log 2) + i \sin(\log 2)\} \qquad (m = 0, \pm 1, \pm 2, \cdots)$$

となる．一般には a^z はこのように多価関数となる．

しかし，さらにここで $(*)$ の関係式をよく見ると，$a>0$ という条

件も外してよいようである．0 以外の複素数 a に対して $\log a$ は知っているのだから，私たちは任意の 0 でない複素数 a に対しても，"一般のベキ" a^z を

$$a^z = e^{z \log a}$$

で定義することにする．そこでこの定義にしたがって，君の質問にあった i^i を求めてみると，

$$\log i = \frac{\pi}{2} i + 2n\pi i \qquad (n = 0, \pm 1, \pm 2, \cdots)$$

だから

$$i^i = e^{i \log i} = e^{i\left(\frac{\pi}{2} i + 2n\pi i\right)}$$
$$= e^{-\frac{\pi}{2}} e^{2m\pi} \qquad (m = 0, \pm 1, \pm 2, \cdots)$$

となり，確かに実数となっている．

なおこの事実は，すでに 1746 年にオイラーによって知られていた．

土曜日

解　析　性

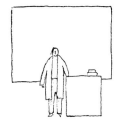

先生の話

　昨日は2つのテーマについてお話ししました．1つはベキ級数で，ベキ級数は収束円の内部で正則関数を表わしているということでした．したがって正則関数はたくさん存在していることがわかりました．もう1つのテーマはコーシーの定理でした．この定理は正則関数の性質を調べていく上で決定的な意味をもつ定理なのです．

　もっとも昨日のベキ級数の話では，原点を中心とするベキ級数の話が中心でした．原点を中心とするベキ級数を1つとって，それを
$$\alpha_0 + \alpha_1 z + \alpha_2 z^2 + \cdots + \alpha_n z^n + \cdots$$
とすると，このベキ級数は収束円の中で正則関数 $f(z)$ を表わしていますが，$f(z)$ の方を主役にして書けば，このベキ級数は，$f(z)$ のマクローラン展開
$$f(z) = f(0) + \frac{f'(0)}{1!}z + \frac{f''(0)}{2!}z^2 + \cdots + \frac{f^{(n)}(0)}{n!}z^n + \cdots$$
となっています．マクローラン展開は，正則関数とベキ級数をつなぐ架け橋となっていたのです．

　今日の話では，原点を中心とするベキ級数だけでなくて，任意の点 a を中心とするベキ級数
$$\beta_0 + \beta_1(z-a) + \beta_2(z-a)^2 + \cdots + \beta_n(z-a)^n + \cdots$$
も登場してきます．このベキ級数は a を中心とし，半径が
$$r = \frac{1}{\overline{\lim}\sqrt[n]{|\beta_n|}}$$
の円の内部——収束円の内部——で正則関数 $\varphi(z)$ を表わしています．$\varphi(z)$ からみると，このベキ級数は $\varphi(z)$ の a を中心としたテイラー展開
$$\varphi(z) = \varphi(a) + \frac{\varphi'(a)}{1!}(z-a) + \frac{\varphi''(a)}{2!}(z-a)^2 + \cdots$$
$$+ \frac{\varphi^{(n)}(a)}{n!}(z-a)^n + \cdots$$

となっています．

　しかし，私たちは一般の正則関数とはどんなものかについてまだ何も知りません．実数の関数のようにグラフも書けませんから，このようなものだと図示する手段もないのです．そこで，次の大胆な問題が登場してきます．

　正則関数は，1点 a の近くでは，必ず a を中心とするベキ級数として表わされるのだろうか？

　あるいは次のようにいっても同じことになります．

　正則関数は，1点 a の近くでは，必ず a を中心とするテイラー展開が可能なのだろうか？

　もしこの答が肯定的ならば，ベキ級数も正則関数も本質的には同じ概念に根ざしており，それが異なった姿をとって表現されたにすぎないということになってくるでしょう．ベキ級数という1つの極限の様式と，微分という異なる極限の様式が，複素数という世界の中で調和した調べを奏でたということを意味するでしょう．

　そうはいっても，すべての正則関数は各点の近くでベキ級数として表わされるなどということは，信じがたいことに思えます．だが，数学の流れの中でも驚くべき出来事だったのですが，この答は肯定的だったのです．

　このことを明らかにするためには，昨日2つめのテーマとして述べたコーシーの定理が必要となります．コーシーの定理が正則関数のもつ基本的な性質をすべて明らかにしてしまったのです．それでは前おきはこれくらいにして，今日の話をはじめることにしましょう．今日のテーマは上に述べた問題を解くことです．私たちはもうここでは，テイラー展開の剰余項などには注目しません．正則性は，もっとはるかに強い性質を関数に賦与してしまったのです．

$\int_C \frac{1}{(z-a)^n} dz$ を求める

　複素数 a を1つとり，a を中心とする半径 r の円周を正の向きに1周する積分路を C として，複素積分

$$\int_C \frac{1}{(z-a)^n} dz \quad (n=1,2,\cdots)$$

の値を求めておこう．そのため，$z-a$ を極表示して

$$z-a = re^{i\theta}$$

と表わしておく．

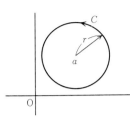

z が C 上を1周するとき，θ は0から 2π まで動く．さて，C 上の2点 z_j, z_{j+1} に対して，$z_j = re^{i\theta_j}, z_{j+1} = re^{i\theta_{j+1}}$ と表わすと，平均値の定理から $z_{j+1} - z_j = r(e^{i\theta_{j+1}} - e^{i\theta_j}) = r(e^{i\theta})'_{\theta=\tilde{\theta}} = rie^{i\tilde{\theta}} (\theta_j < \tilde{\theta} < \theta_{j+1})$ となる．これから記号的に

$$dz = ire^{i\theta}d\theta$$

が成り立つことがわかる．したがって

$$\int_C \frac{1}{(z-a)^n} dz = \int_0^{2\pi} \frac{1}{r^n e^{in\theta}} ire^{i\theta} d\theta$$

$$= \frac{i}{r^{n-1}} \int_0^{2\pi} e^{i(1-n)\theta} d\theta$$

$$= \begin{cases} \dfrac{i}{r^{n-1}} \dfrac{1}{i(1-n)} e^{i(1-n)\theta} \Big|_0^{2\pi} = 0 & n \neq 1 \\ i \int_0^{2\pi} 1\, d\theta = 2\pi i & n = 1 \end{cases}$$

すなわち

$$\int_C \frac{1}{(z-a)^n} dz = \begin{cases} 0 & n \neq 1 \\ 2\pi i & n = 1 \end{cases} \tag{\#}$$

が得られた．なお，$n=0,1,2,\cdots$ に対して $(z-a)^n$ は正則な関数だから，コーシーの定理により

$$\int_C (z-a)^n dz = 0 \quad (n=0,1,2,\cdots)$$

となっている．

したがって結局，複素関数の系列

$$\cdots, \frac{1}{(z-a)^n}, \cdots, \frac{1}{(z-a)^2}, \frac{1}{z-a}, 1, z-a, (z-a)^2, \cdots,$$
$$(z-a)^n, \cdots$$

を，a を中心とする円周 C に沿ってそれぞれ積分してみると，(#) から $\frac{1}{z-a}$ 以外はすべて 0 となり，そして $\frac{1}{z-a}$ の積分だけから，$2\pi i$ という値が "こつ然と" 浮かび上がってくることになる．

テイラー展開との関係

いま，$f(z)$ が a を中心とするベキ級数として表わされているとする．$f(z)$ は収束円の内部で正則な関数であって，このベキ級数は $f(z)$ のテイラー展開と一致している：

$$f(z) = f(a) + \frac{f'(a)}{1!}(z-a) + \frac{f''(a)}{2!}(z-a)^2 + \cdots$$
$$+ \frac{f^{(n)}(a)}{n!}(z-a)^n + \cdots$$

いま，a を中心として，収束円の中に含まれているような円周 C をとる．いま 1 つの自然数 n に注目することにして，上式の両辺を $(z-a)^{n+1}$ で割り

$$\frac{f(z)}{(z-a)^{n+1}} = \frac{f(a)}{(z-a)^{n+1}} + \frac{f'(a)}{1!}\frac{1}{(z-a)^n} + \cdots$$
$$+ \frac{f^{(n)}(a)}{n!}\frac{1}{z-a} + \frac{f^{(n+1)}(a)}{(n+1)!} + \frac{f^{(n+2)}(a)}{(n+2)!}(z-a) + \cdots$$

を考えてみよう．この式の右辺には，上にみた系列の一部

$$\frac{1}{(z-a)^{n+1}}, \; \frac{1}{(z-a)^n}, \; \cdots, \; \frac{1}{z-a}, \; 1, \; z-a, \; \cdots$$

が順次現われている．

ここで私たちは，この両辺を C 上で積分したいのだが，その際，**右辺は項別に積分してもよい**という事実だけは認めておいてもらうことにしよう（なお，第 1 週土曜日参照）．そうすると (#) から

$$\int_C \frac{f(z)}{(z-a)^{n+1}}\, dz = f(a) \int_C \frac{1}{(z-a)^{n+1}}\, dz + \cdots$$
$$+ \frac{f^{(n)}(a)}{n!} \int_C \frac{1}{z-a}\, dz + \frac{f^{(n+1)}(a)}{(n+1)!} \int_C 1\, dz + \cdots$$

$$= \frac{f^{(n)}(a)}{n!} \int_C \frac{1}{z-a} dz = 2\pi i \cdot \frac{f^{(n)}(a)}{n!}$$

となる．すなわち私たちは

$$\frac{1}{2\pi i} \int_C \frac{f(z)}{(z-a)^{n+1}} dz = \frac{f^{(n)}(a)}{n!} \tag{1}$$

という公式を導くことができた．複素積分によって，n 階の導関数の値が表わされたのである！ (1)をよく見ると左辺では，$f(z)$ の円周 C 上でとる値だけが問題となっているが，右辺は円の中心 a における $f^{(n)}(a)$ の値である．左辺と右辺とでは眼を向けている場所が全然違う．n は $0,1,2,\cdots$ の何でもよい．したがって原理的には，もし私たちが $f(z)$ の C 上の値だけを知ることができたならば，上の左辺の積分を $n=0,1,2,\cdots$ と順次計算することにより，中心 a における逐次導関数の値 $f(a), f'(a), \cdots, f^{(n)}(a), \cdots$ をすべて知ることができるのである．これはテイラー展開のもつ隠された意味を物語っている．しかし実数だけに限っていたら，決してこのような見方に到達することはできなかったろう．私たちは，いまここではじめて複素数のもつ高みへと達したといってよいのかもしれない．この高みで積分と微分とが等号で結ばれたのである！

コーシーの積分定理

(1)は，深い内容をもつ関係式であるが，この式は，$f(z)$ がテイラー展開によって表わせる関数である場合に導いたものである．

ところが，実はこの定理は，テイラー展開ができるということを仮定しなくとも，$f(z)$ が正則な関数でありさえすれば成り立つのである．このおどろくべき結果は，ふつうはコーシーの積分定理とよばれている．この定理を(1)の書き方を少し変えた次のような形で表わしておこう．

> **コーシーの積分定理** $f(z)$ を領域 D で定義された正則な関数とする．D の中の 1 点 a をとる．a を中心として D 内に完全に含まれている円を考え，この円周を正の向きに回った積分路を C とする．このとき $n=0,1,2,\cdots$ に対して
> $$f^{(n)}(a) = \frac{n!}{2\pi i}\int_C \frac{f(z)}{(z-a)^{n+1}} dz \tag{2}$$
> が成り立つ．とくに $n=0$ のときには
> $$f(a) = \frac{1}{2\pi i}\int_C \frac{f(z)}{z-a} dz \tag{3}$$
> が成り立つ．

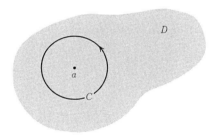

すなわち，正則関数 $f(z)$ の 1 点 a における逐次導関数の値 $f(a), f'(a), \cdots, f^{(n)}(a), \cdots$ は，すべて a を中心とする円周 C 上の積分として表わされるのである．円周上の値が少し変われば，中心における導関数の値も変わる．正則関数 $f(z)$ の値とは何という不思議なバランスを保って分布しているのだろう．

証明の準備として，まず次のことを示しておこう．

［準備］C の内部に半径 h の同心円 C_h を書く．このとき
$$\int_C \frac{f(z)}{z-a} dz = \int_{C_h} \frac{f(z)}{z-a} dz \tag{4}$$
ただし，C, C_h は正の向きに回るとする．

［準備の証明］図のように，C と C_h の間に切断線 AB を入れる．A から出発して，正の向きに C を 1 周してから，AB を通って円

周 C_h へと入る．次に円周 C_h を負の向きに 1 周して，BA を通って A にもどる．

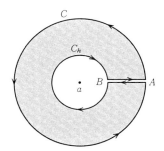

この積分路で囲まれた円環の中（図でカゲをつけた部分）では

$$\frac{f(z)}{z-a}$$

は正則な関数である（分母は 0 にならない！）．したがってコーシーの定理により，この積分路に沿って積分すると 0 になる：

$$\int_C \frac{f(z)}{z-a}dz + \int_A^B \frac{f(z)}{z-a}dz - \int_{C_h} \frac{f(z)}{z-a}dz + \int_B^A \frac{f(z)}{z-a}dz = 0$$

ここで，AB 間の積分は，往復打ち消し合って $\int_A^B + \int_B^A = 0$ となるから，これから証明すべき式 (4) が得られる． （証明終り）

この (4) の両辺を $2\pi i$ で割って，$h \to 0$ とすると

$$\frac{1}{2\pi i}\int_C \frac{f(z)}{z-a}dz = \frac{1}{2\pi i}\lim_{h \to 0}\int_{C_h} \frac{f(z)}{z-a}dz \tag{5}$$

となることがわかる．

なお，この式で $f(z)=1$ とおくと，(#) から左辺は 1 となるから

$$\frac{1}{2\pi i}\lim_{h \to 0}\int_{C_h} \frac{1}{z-a}dz = 1 \tag{6}$$

が成り立つことを注意しよう．

積分定理の証明

定理の証明は，$n=0$ の特別の場合，すなわち(3)を示すことからはじまる．証明に入る前に，(3)を少し変形しておこう．まず証明すべき式(3)と(5)を見くらべてみると

$$(3)\text{の右辺}: \frac{1}{2\pi i} \lim_{h \to 0} \int_{C_h} \frac{f(z)}{z-a} dz$$

となることがわかる．次に(6)の両辺に $f(a)$ をかけて，左辺と右辺をとりかえて書くと

$$(3)\text{の左辺}: f(a) = f(a) \cdot \frac{1}{2\pi i} \lim_{h \to 0} \int_{C_h} \frac{1}{z-a} dz$$

$$= \frac{1}{2\pi i} \lim_{h \to 0} \int_{C_h} \frac{f(a)}{z-a} dz$$

となる．したがって結局証明すべき式(3)は，

$$\frac{1}{2\pi i} \lim_{h \to 0} \int_{C_h} \frac{f(a)}{z-a} dz = \frac{1}{2\pi i} \lim_{h \to 0} \int_{C_h} \frac{f(z)}{z-a} dz \tag{7}$$

となる．すなわち問題は $h \to 0$ のとき(7)の両辺の積分の極限値は等しいかという問題に帰着されたのである．

したがって $h \to 0$ のとき

$$\left| \frac{1}{2\pi i} \int_{C_h} \frac{f(a)}{z-a} dz - \frac{1}{2\pi i} \int_{C_h} \frac{f(z)}{z-a} dz \right|$$

$$= \frac{1}{2\pi} \left| \int_{C_h} \frac{f(a) - f(z)}{z-a} dz \right| \longrightarrow 0 \tag{8}$$

を示せばよいことになったが，$f(z)$ は正則で，したがって連続だから，正数 ε をどんなに小さくとっても，h さえ十分小さくとれば a から h の距離にある円周 C_h 上で

$$|f(a) - f(z)| < \varepsilon$$

とすることができる．h をこのようにとっておくと

$$\frac{1}{2\pi} \left| \int_{C_h} \frac{f(a) - f(z)}{z-a} dz \right| < \frac{\varepsilon}{2\pi} \int_{C_h} \frac{1}{|z-a|} d|z|$$

$$= \frac{\varepsilon}{2\pi} \frac{1}{h} 2\pi h = \varepsilon$$

♣ ここで $\left|\int f(z)dz\right| \leqq \int |f(z)||dz|$ という不等式をまず用いている．この式は，不等式

$$|\sum f(\tilde{z}_i)(z_{i+1}-z_i)| \leqq \sum |f(\tilde{z}_i)||z_{i+1}-z_i|$$

を極限に移行した式である．次に，いまの場合 $|z-a|=h$ であり，一方 $\int d|z|$ は円周 C_h を細分してよせ集めた長さの極限値，すなわち $2\pi h$ を表わしている．このことに注意すると，上の結果が得られる．

$h \to 0$ のとき，ε はいくらでも0に近くとれるから，これで(8)の成り立つことがいえて，(7)が示され，同時に定理に述べてある(3)が証明された．

次に(2)の証明に移ろう．

いま証明したばかりの式

$$f(a) = \frac{1}{2\pi i} \int_C \frac{f(z)}{z-a} dz$$

で，a は C の中心としなくとも，a は C の内部のどの点をとったとしても，この式はやはり成り立つことを注意しておこう．たとえば C の内部に任意に点 γ をとると，図のように γ のまわりに半径 h の円周 $\tilde{C}_h$ をとると，[準備]の証明と同じ考えで

$$\int_C \frac{f(z)}{z-\gamma} dz = \int_{\tilde{C}_h} \frac{f(z)}{z-\gamma} dz$$

が成り立つことがわかる．

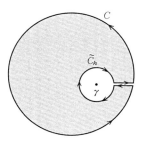

ここで $h \to 0$ とすると，前と同様にして結局

$$f(\gamma) = \frac{1}{2\pi i} \int_C \frac{f(z)}{z-\gamma} dz \qquad (9)$$

が得られるからである．

私たちは(9)の式を，γ が変数として C の内部を自由に動くとき，つねに成り立つ式であるとみることにしよう．変数 γ は右辺では積分記号の中に入っている．そうすると，$f^{(n)}(a)$ を求めるには，(9)の右辺の（γ に関する）n 階の導関数を求めて，$\gamma = a$ における値を求めるとよいことになる．

実際は，(9)の右辺を γ で微分するのは，積分記号の外からするのだが，この場合，**積分記号の中で微分してもよいことが知られている**．私たちは，このことは証明なしに使うことにしよう．そうすると z をとめて γ について順次微分すると

$$\left(\frac{1}{z-\gamma}\right)' = \frac{1}{(z-\gamma)^2}, \ \left(\frac{1}{z-\gamma}\right)'' = \frac{2!}{(z-\gamma)^3}, \ \left(\frac{1}{z-\gamma}\right)''' = \frac{3!}{(z-\gamma)^4},$$
$$\cdots, \ \left(\frac{1}{z-\gamma}\right)^{(n)} = \frac{n!}{(n-\gamma)^{n+1}}$$

したがって(9)から

$$f^{(n)}(\gamma) = \frac{n!}{2\pi i} \int_C \frac{f(z)}{(z-\gamma)^{n+1}} dz$$

ここで $\gamma = a$ とおくと

$$f^{(n)}(a) = \frac{n!}{2\pi i} \int_C \frac{f(z)}{(z-a)^{n+1}} dz$$

これは(2)にほかならない．これで積分定理が証明された．

（証明終り）

正則関数とテイラーの定理

このコーシーの積分定理は，高階導関数の値が円周上での複素積分として捉えられるという深い結果であるが，この定理のいわば"からくり"は，特別の場合ではあったが $f(z)$ がテイラー展開されているときは，最初に述べたようによく見えたのである．このから

くりの糸をさらに先までたどっていくならば，正則関数とテイラー展開をつなげる糸も，見えてくるかもしれない．

いまその糸を追うために，コーシーの積分定理の証明の後半で述べたことをもう少し強調する形で

$$f^{(n)}(z) = \frac{n!}{2\pi i} \int_C \frac{f(\zeta)}{(\zeta-z)^{n+1}} d\zeta \quad (n=0,1,2,\cdots) \quad (10)$$

と表わすことにする．ここで C は，$f(z)$ の定義域 D の内部に描かれた，中心 a の円の円周であり，積分は C を正の向きに回るようにとってある．ζ は C 上を回る変数を表わしているが，積分したことによって変数としての役目は終っている．(10)の右辺で，本当の変数は z である．この変数 z は，円 C の内部を動いている．

z が C の内部を動くということは，図からも明らかに

$$|z-a| < |\zeta-a| \quad (11)$$

が成り立つということである．

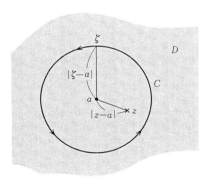

そこで $n=0$ の場合の(10)の式に注目し，その右辺を次のように書き直す．

$$f(z) = \frac{1}{2\pi i} \int_C \frac{f(\zeta)}{\zeta-z} d\zeta$$

$$= \frac{1}{2\pi i} \int_C \frac{f(\zeta)}{(\zeta-a)-(z-a)} d\zeta$$

$$= \frac{1}{2\pi i} \int_C \frac{f(\zeta)}{1-\dfrac{z-a}{\zeta-a}} \frac{1}{\zeta-a} d\zeta \quad (12)$$

ところが(11)から，この積分の中の分母として現われた式は，等比

級数の和として表わすことができる：
$$\frac{1}{1-\dfrac{z-a}{\zeta-a}} = 1+\frac{z-a}{\zeta-a}+\left(\frac{z-a}{\zeta-a}\right)^2+\left(\frac{z-a}{\zeta-a}\right)^3+\cdots+\left(\frac{z-a}{\zeta-a}\right)^n+\cdots$$

この式を(12)に代入して

$$f(z) = \frac{1}{2\pi i}\int_C \frac{f(\zeta)}{\zeta-a}\sum_{n=0}^{\infty}\left(\frac{z-a}{\zeta-a}\right)^n d\zeta$$

が得られる．ここで私たちは，右辺は $\sum_{n=0}^{\infty}$ を積分記号 $\int$ の前に出してもよいという結果を使うことにする（これについてここでは証明はしない）．そうすると

$$f(z) = \frac{1}{2\pi i}\sum_{n=0}^{\infty}\int_C \frac{f(\zeta)}{\zeta-a}\left(\frac{z-a}{\zeta-a}\right)^n d\zeta$$

$$= \sum_{n=0}^{\infty}\left(\frac{1}{2\pi i}\int_C \frac{f(\zeta)}{(\zeta-a)^{n+1}}d\zeta\right)\cdot(z-a)^n$$

という式が得られる．この右辺のカッコの中は，(10)を参照すると，ちょうど

$$\frac{1}{n!}f^{(n)}(a)$$

となっていることがわかる．

したがって結局

$$f(z) = \sum_{n=0}^{\infty}\frac{1}{n!}f^{(n)}(a)(z-a)^n \tag{13}$$

が成り立つことがわかった．z は円 C の内部の任意の点でよい．したがってこの式は $f(z)$ が，C の内部で a を中心とするテイラー展開として表わされていることを示している．

すなわち私たちは次の定理を証明したことになる．

> **定理** 領域 D で定義されている正則関数は，D 内に任意に1点 a をとったとき，a を中心として D 内に含まれている円内で，テイラー展開によって表わすことができる．

1つの終章

　この結果によって，正則関数 $f(z)$ は，定義されている領域 D の各点のまわりでテイラー展開として表わされる関数であることがわかった．すなわち，正則関数とは各点のまわりでベキ級数として表わされる関数にほかならなかったのである．1点のまわりで局所的に見る限り，正則関数とベキ級数とは，同じ概念を，表と裏の両面から見たものであったといってよいのかもしれない．

　図で示してある領域 D の中をおおうような多くの円は，この円の1つ1つの中では $f(z)$ はテイラー展開で表わされていることを示している．たとえば1点 a の"無限小"の近くにおけるようすは，$f(a), f'(a), f''(a), \cdots, f^{(n)}(a), \cdots$ の値に反映しているが，それは a を中心とするテイラー展開(13)を通して円 C の内部全体にわたる $f(z)$ の動きへと伝えられてくる．その $f(z)$ の動きは，隣接している円 $\tilde{C}$ の中心 b でキャッチされ，$f(b), f'(b), f''(b), \cdots, f^{(n)}(b), \cdots$ を決める．その値が，再び b を中心とするテイラー展開を通して，円 $\tilde{C}$ の内部全体にわたっての $f(z)$ の動きとして伝えられていく．

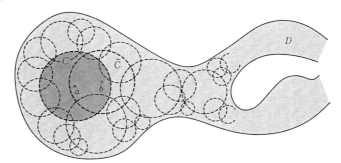

　このようにして1点 a の十分近くにおける状況が次々とテイラー展開を通して伝えられて，領域 D における関数 $f(z)$ の挙動を完全に決定していくことになる．このような，テイラー展開の連鎖によって，しだいに関数のとる値の範囲が広がって決定されていく状況を，関数は**解析性**をもつといい表わす．私たちは，正則関数には

解析性という強い性質が賦与されていることを明らかにしたのである．

　この正則関数のもつ解析性を詳しく調べることは，コーシー以来急速に発展した関数論とよばれている数学の分野の主要な研究目標となっている．だが，私たちの物語をそこまで進めていくわけにはいかない．

　私たちは，第1週，第2週を通して話してきた1つの大きな主題に終止符を打つときがきた．私たちは，実数の数列から級数へと連続性の概念を追求し，それをベキ級数へと移すことによって，四則演算の極限概念としての級数と関数概念を融合させた．ベキ級数で表わされる関数は，収束域とよばれる数直線上の区間で，何回でも微分可能であるようなよい性質をもっていた．要するにベキ級数と微分の概念はよくなじんだのである．私たちのよく知っている関数，指数関数や三角関数はベキ級数で表わされる関数であったが，それはテイラーの定理の剰余項が0に近づくという性質を確かめて得られたものであった．では，一体，どんな関数が，テイラー展開の剰余項が0に近づき，ベキ級数として表わされる関数となっているのかということは，実数の中では謎に包まれたままであった．

　この謎は，複素数にまで数の世界を広げてみることではじめて明らかとなったのである．ベキ級数が収束して存在する，いわば自然な棲息地は，実軸上の区間ではなくて，ガウス平面上で収束円とよばれる円の中だったのである．関数がベキ級数として展開していく模様は，この円の周上の関数の平均的挙動——複素積分——として完全に把握される．ベキ級数という，1点の奥へどこまでも立ち入っていって，究極的な場所で連続性の本質に迫ろうとする概念と，平面上に多様な変化を示しながら広がっていこうとする関数概念とは，複素関数の正則性というごく自然な背景の中で1つになったのである．そしてこの1つになったものを，数学は解析性と名づけたのである．

歴史の潮騒

複素関数の理論は，コーシーの1820年代のはじめから1851年までの30年間に及ぶ多くの研究によって，19世紀解析学の中心に位置するようになった．1831年に，コーシーはここで述べたように，正則関数は各点のまわりで，（正確には最初に特異点に達するところまで）テイラー展開が可能であることを示したのである．それ以来，ベキ級数は関数を調べるときの重要な方法として，それまでよりも一層，数学者の意識に上るようになった．

正則関数がテイラー展開として，局所的にはベキ級数として表わされるというコーシーの定理は，ワイエルシュトラスによって，解析関数の理論の礎石としておかれるようになった．ワイエルシュトラスは1815年ドイツに生まれ，はじめボンの大学で法律を学び，1839～40年はミュンスターに移って楕円関数論を研究していた．その後，40歳になるまで片田舎の中学教師をしていた．1854年，アーベル積分に関する論文を「クレルレ・ジャーナル」に投稿したことにより，一躍有名となり，ケーニスブルク大学から名誉学位を得た．1856年，ベルリン大学へ招かれ，1864年ベルリン大学の正教授となり，終生その職にあった．ワイエルシュトラスは，この経歴が示すように，その才能が世に出ることの遅かった晩成の大数学者としても有名である．

コーシーは，休む間もないようなスピードで論文を書き続けて，彼の得た結果を次々と公表していったが，それとは対照的に，ワイエルシュトラスは論文の形で彼の考えをまとめるということにはそれほど積極的ではなかった．しかし，彼の解析学に対する深い思想と，そこからほとばしり出るような研究成果は，多くの聴衆を集めたベルリン大学の講義を通して，迅速に伝わり，ある意味ではコーシーよりはるかに深い影響力をもって，19世紀後半の解析学の中に浸透していったのである．

ワイエルシュトラスは，解析学の算術化を目指していた．もっとも算術化というモットーはわかりにくい点もある．このモットーの

意味するものの中には，単なる幾何学的な直観で議論を進めていたような解析学の部分を厳密なものにするという意図もあったが，このようなモットーを取り出した動機としては，当時まで解析学のもつ方法の豊かさと柔軟さが，幾何学や物理学や工学まで含め多くの分野への解析学の適用性を可能にしてきたが，そのことが逆に解析学の確固とした体系の基盤をどこにおくべきかという数学内部における問題意識を惹き起こしてきたという事情もあった．

ワイエルシュトラスは，解析の算術化の基盤として数体系をとり，収束とか，極限の概念を実数の構造の中に厳密に取りこむことにより，これらの概念にとかく取りこまれがちな幾何学的直観を排除した．その上で，整式，有理式からはじめて，ベキ級数へと体系的に解析学を組み立てていったのである．ワイエルシュトラスの数学の中には，つねにベキ級数が根幹にあった．この第1週，第2週が述べてきた物語の組み立ては，この思想の流れを再現したようにもなっている．ワイエルシュトラスは，さらにベキ級数が収束性を失う場所——特異点——に注目し，特異点のあり方によって，個々の関数のもつ固有の特性を捉えようとした．

同じ思想圏内にあるが，ワイエルシュトラスは，"解析接続"という考えも導入した．私たちが学んできたように，ある領域で定義された正則関数は，テイラー展開として表わされるベキ級数を，次々と収束円を重ね合わせて"はり合わせ"接続していくことにより，領域全体での関数の値が決まってくる．その意味で，ベキ級数は正則関数の構成要素となっている．そのようにみれば，ベキ級数の概念からスタートして，関数を構成するという考えも生まれてくるだろう．すなわち，ベキ級数を，次々と収束円が重なり合ったところでは等しい値をとるように，はり合わせて接合していけば，しだいに関数のとる値の範囲が広がって，最終的には1つの関数概念を生むことになるだろう．このような関数の構成を**解析接続**という．この場合，いままでの関数概念と違う点は，関数の定義域があらかじめ与えられるわけではないということである．定義域がガウス平面の領域と考えられるとは限らないからである．なぜなら，閉曲線に

沿って解析接続を次々と行ない，1周してもとにもどったとき，出発したときとは違う値をとるベキ級数がそこに登場している可能性もあるからである．

1つのベキ級数から出発して，可能な限り解析接続を行なって得られる関数を，ワイエルシュトラスは**解析関数**とよび，それを彼の解析学の理論の根幹に据えたのである．概念としては正則関数は解析関数の一部をなしている．

先生との対話

皆は，正則関数が各点のまわりではテイラー展開として表わされ，それを解析接続していくことにより，もとの正則関数が得られるということに，深い感銘を受けたようであった．ある人は，この正則関数とベキ級数との関係を，物質と元素のような関係だと思っていたし，ある人は，植物と，その細胞のようなもので，隣り合った細胞が養分を運ぶように，隣り合ったベキ級数が情報を交換し合っていると感じていた．その感じを正確に述べようとすれば，正則関数というより，解析関数という概念になる．

ふとあることを思い出したように，小林君が質問した．

「火曜日はまだ実数の場合のテイラーの定理やマクローラン展開の話でしたが，"先生との対話"の最後で先生は次のようなお話をされたことを思い出しました．$f(x)$ と $g(x)$ がある範囲でマクローラン展開可能で，$g(x) \neq 0$ のとき，$\dfrac{f(x)}{g(x)}$ はマクローラン展開可能か？　またそれは一体どれくらいの範囲——収束域——で可能か？

このようなことは，剰余項が0に近づくという条件を調べるだけでは，とてもわからないだろうといわれましたが，いまはわかるのでしょうか．」

「実数の中だけで見ているとこの問題は解けないのですが，複素数まで視野を広げることによってこの問題は解くことができます．実数から複素数へ移行することが，どのようなことを示すことになるかを明らかにするよい例となるかもしれません．問題をもう少し

はっきりさせるため，黒板に書いてみましょう．」

そういって先生は黒板に次のように書かれた．

> ［問題］ $f(x), g(x)$ は数直線上の区間 $(-r, r)$ で定義された関数で，そこではマクローラン展開によって表わされているとする．また $g(x) \neq 0$ とする．このとき $\dfrac{f(x)}{g(x)}$ はマクローラン展開として表わされるか？　また収束域の範囲は？

先生は皆の方を見て，話を続けられた．

「$f(x), g(x)$ は $|x| < r$ で

$$f(x) = \sum_{n=0}^{\infty} \frac{f^{(n)}(0)}{n!} x^n, \quad g(x) = \sum_{n=0}^{\infty} \frac{g^{(n)}(0)}{n!} x^n$$

と表わされているわけです．私たちはこのことをガウス平面の中で見ようとしています．そうすると，この2つの関数は，ベキ級数の変数を x から，複素数 z へとおきかえることによって

$$f(z) = \sum_{n=0}^{\infty} \frac{f^{(n)}(0)}{n!} z^n, \quad g(z) = \sum_{n=0}^{\infty} \frac{g^{(n)}(0)}{n!} z^n$$

という2つの正則関数へと拡張されます．$f(z), g(z)$ は右辺のベキ級数の収束円の内部 $|z| < r$ で定義されている関数です．

仮定から，$g(z)$ は実軸上の区間 $(-r, r)$ では 0 になりません．しかし，収束円の内部では $g(\tilde{z}) = 0$ となる $\tilde{z}$ は一般には存在しています．そこで原点から一番近いところにあるこのような $\tilde{z}$ を1つとり，それを z_0 とします．そして

$$r_0 = |z_0|$$

とおきます．

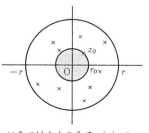

×をつけたところで $g(z) = 0$ となる

そうすると，$g(z_0) = 0$ ですが，$|z| < r_0$ では $g(z) \neq 0$ です．したがって $|z| < r_0$ で $\dfrac{f(z)}{g(z)}$ は正則関数となります．正則関数は，定義域の内部に含まれている最大の円内でテイラー展開が可能です．いまの場合 $|z| < r_0$ でマクローラン展開が可能となります．

したがって，実数だけに限っていえば，開区間 $(-r_0, r_0)$ で $\dfrac{f(x)}{g(x)}$ はマクローラン展開が可能であるということになります．この r_0 をこれ以上もう大きくとることはできないのです．なぜかと

いうと，もし $r_0 < r_1$ となる r_1 をとって，$|x| < r_1$ でもマクローラン展開が可能だったとすると，ガウス平面まで広げてみれば，その収束円の中には，$\dfrac{f(z)}{g(z)}$ の分母を 0 にする $\tilde{z}$ が含まれてしまっているからです．」

実数の中だけでは決して見えなかった，半径 r_0 が，ガウス平面の中ではっきりと捉えられていることに，皆は改めてガウス平面を見直すような気分になっていた．道子さんは，先生の書かれた図を見ていたが，ノートに次のような図を書いて先生に質問した．

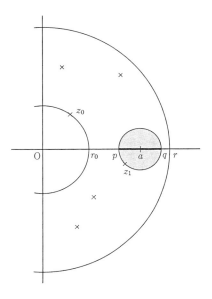

「そうすると，同じように考えてみますと，この図で $g(z_1) = 0$ ですから，a を中心とする $\dfrac{f(z)}{g(z)}$ のテイラー展開は，カゲをつけた円内だけで収束することになります．ですから，実数の範囲だけで見ていると，$\dfrac{f(z)}{g(z)}$ の a を中心とするテイラー展開は区間 (p, q) で収束するということになりますね．」

先生が短いコメントをつけた．

「そうです．ですから中心のとり方で，テイラー展開の収束半径は複雑に変化します．なお道子さんのいったことでひとつ注意しておくと，関数によっては，区間の端点 p と q ではテイラー展開は収束していることもあります．閉区間 $[p, q]$ の外では決して収束し

ていない，という言い方が正しいのです．」

山田君が

「正則関数 $f(z)$ の定義域が領域 D であると決めておいても，D の内の 1 点 a を中心とするテイラー展開

$$\sum_{n=0}^{\infty} \frac{f^{(n)}(a)}{n!}(z-a)^n$$

を考えると，この収束円が D をはみ出してしまうということもありますね．そうしたら，はじめから定義域が D であるなどと決めたことは不自然のような気がします．」

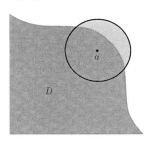

「そうなのです．関数は定義域を越えて，テイラー展開によって外へ広がっていこうとするのに，"人為的に"定義域を設定しておくのはおかしいという考えに立つと，ワイエルシュトラスのように，解析接続が関数の生成原理を与えているという考えが生まれてきます．」

まだいろいろ質問したいような人がいるのを見て，先生は次のように言われた．

「複素関数のことは，調べ出すと，本当に深いのです．きりがないという感じなのです．興味を覚えた人は，関数論とタイトルのついた本を，図書館にでも行って少し眺めてみるとよいでしょう．」

問　題

[1] $f(z)=z^4$ のとき，$f'''(1)=4\cdot3\cdot2=24$ となることを，コーシーの積分定理を使って確かめてみなさい．

[2] 領域 D で定義された正則関数を $f(z)$ とする．D 内にある 1 点を a とし，a を中心として D 内に含まれる半径 R の円 C を考える．また円周 C 上で $|f(z)| \leqq M$ とする．このとき
$$|f^{(n)}(a)| \leqq \frac{n!M}{R^n} \quad (n=0,1,2,\cdots)$$
が成り立つことを示しなさい（日曜日のリューヴィユの定理の証明も参照）．

[3] 領域 D で定義された正則関数 $f(z)$ に対し，D 内の 1 点 a で
$$f(a) = f'(a) = f''(a) = \cdots = f^{(n)}(a) = \cdots = 0$$
が成り立つならば，$f(z)$ は D 内でつねに定数 0 に等しいことを示しなさい．

お茶の時間

質問 解析関数という考えは大体わかりましたが，$f(z)$ が解析関数とすると，1 点 a のごく近く，たとえば a から 100 万分の 1 以内での $f(z)$ のようすがわかると，$f(a), f'(a), \cdots, f^{(n)}(a), \cdots$ が決まり，したがって a を中心とするテイラー展開 $\sum \dfrac{f^{(n)}(a)}{n!}(z-a)^n$ の収束円内での $f(z)$ の値が決まります．そうすると次に接続されていくテイラー展開が決まり，以下次々と $f(z)$ の値が接続されて決まっていきます．結局，a から 100 万分の 1 以内での $f(z)$ の値がわかると，すべての $f(z)$ の値が決まってしまうことになります．ですから，解析関数というのは，現在の状況がわかると，過去，未来のすべての状況がわかるというような，決定論的なものを表現しているように思います．

しかし，小鳥が空を飛ぶことを考えても，自動車の動きを考えても，このような場合にはある短い時間の間だけの観察からは，それから先，どんな動きをするかはわかりません．私たちがふだん見なれている現象は，ほとんど決定論的ではないのだろうと思います．そう考えると，関数概念の中から抽出してきた解析関数は少し特殊すぎるのではないでしょうか．

答 確かに解析関数は，決定論的な性格をもっており，それは関数の中では非常に特殊なものだといえるだろう．しかし，ニュートン力学は，決定論的な因果法則に支配される世界観を確立したが，その世界像の数学的表現には，この解析関数は実によく適合したのである．ニュートン力学の数学的理論に現われる関数は，すべて解析関数であるといってもよいだろう．

　解析関数の研究が，一般の関数の研究にどれだけ役に立つのだろうかというような君の疑問ももっともである．だが，さまざまな自然現象の力学的解明には，現在でも近似的には，理想状況としてのニュートン力学が適用されている．同じように，解析関数は特殊ではあるが，たとえば連続関数のグラフの十分近くには解析関数のグラフがあるということはわかっているのである．連続関数や微分可能な関数を調べる場合にも，解析関数は有効に使えるのである．

　グラフ用紙の上に，勝手に曲線を書いて，これが連続関数を表わしているといっても，数学的方法によってさらにこの関数を細かく解析していくことは，ほとんどできないだろう．解析関数は，複素数という実数から見れば隠された数の世界の中で，その深い性質を明らかにしたが，それが実数に投影され，数直線上を走るさまざまな関数を近似していくことにより，解析学の実りを豊かなものとしてきたのである．

日曜日

二, 三の話題

代数学の基本定理

　複素数が，数学の中で中心的役割を演ずるようになったのは19世紀からである．19世紀の数学は，この複素数という新しい沃野の開発に向けて，活発に動いたのである．複素数が，"虚なる想像上の数"という長い間の伝統的なイメージから脱却して，数学の中に明確な姿を示すようになったのは，水曜日の"歴史の潮騒"の中でも述べたように，1799年のガウスの学位論文をもってはじめとするのだろう．大数学者ガウスの権威もそれに加わったかもしれない．

　ガウスは学位論文の中で，複素数の係数をもつ n 次の代数方程式

$$z^n + a_1 z^{n-1} + a_2 z^{n-2} + \cdots + a_n = 0$$

は必ず n 個の複素数の解をもつことを示した．この解を $\alpha_1, \alpha_2, \cdots, \alpha_n$ とすると，左辺の整式は

$$z^n + a_1 z^{n-1} + a_2 z^{n-2} + \cdots + a_n = (z-\alpha_1)(z-\alpha_2)\cdots(z-\alpha_n)$$

と1次式に分解されることになる．

　実数のときには，すでに2次方程式で判別式が負のときに，解は複素数となって，いわば2次方程式を通して，実数の彼方に未知の数が見え隠れしていた．ガウスの定理は，複素数まで数の範囲を広げてしまえば，もはや代数方程式の彼方に見え隠れするような未知の数はないといっている．複素数は代数方程式の解を求めるということに対しては世界を閉ざしている．その意味で，複素数は**代数的閉体**であるという．"体"というのは，四則演算ができる数の体系であることを示す言葉である．

　ガウスの定理は，**代数学の基本定理**とよばれているが，この証明は，いまではいろいろ知られている．どの証明も，基本的には，複素数が"平面の数"であり，連続性の条件——コーシーの収束条件——をみたしているということが用いられている．私たちは，ここでは，リューヴィユの定理とよばれている，複素関数論における有名な定理を使って，代数学の基本定理を導いてみよう．

リューヴィユの定理

リューヴィユ(1809-1882)はフランスの数学者で，解析学を中心にしてさまざまな独創的な研究を行なった．関数論における有名なリューヴィユの定理は，今では次のような一般的な形で述べられている．

> **定理** ガウス平面上で定義された正則関数 $f(z)$ が，ある正数 K をとると，つねに
> $$|f(z)| < K$$
> をみたしているとする．このとき $f(z)$ は定数となる．

リューヴィユの残した膨大なノートの中では，この定理への最初のステップは1844年7月に記されており，この年の12月にその結果はフランスの学士院に発表された．1850年から51年にかけてのコレージュ・ド・フランスの講義では，リューヴィユはこの定理に対してコーシーの積分定理を使う簡単な証明を与えている．本質的にはこれと同じ証明法なのだが，ここでは，定理の条件をみたす正則関数 $f(z)$ があると，必ずすべての z に対し

$$f'(z) = 0$$

が成り立ち，したがって $f(z)$ は定数である，という証明をすることにしよう．

任意に複素数 z_0 を1つとり，ガウス平面上に z_0 を中心にして半径 R の円を描く．そしてこの円周を正の向きに1周する積分路を C とする．C 上の点は

$$\zeta = z_0 + Re^{i\theta} \qquad (0 \leq \theta \leq 2\pi)$$

と表わされている．

コーシーの積分定理により

$$f'(z_0) = \frac{1}{2\pi i} \int_C \frac{f(\zeta)}{(\zeta - z_0)^2} d\zeta$$

であるが，ここで $\zeta - z_0 = Re^{i\theta}$ により，変数を ζ から θ に変えて積

分すると，$d\zeta = Rie^{i\theta}$ により

$$f'(z_0) = \frac{1}{2\pi i}\int_0^{2\pi} \frac{f(z_0+Re^{i\theta})}{R^2 e^{i2\theta}} Rie^{i\theta} d\theta$$

となる．したがって

$$|f'(z_0)| \leqq \frac{1}{2\pi}\int_0^{2\pi} \frac{|f(z_0+Re^{i\theta})|}{|Re^{i\theta}|} d\theta$$

$$< \frac{K}{2\pi R}\int_0^{2\pi} d\theta = \frac{K}{R} \quad (|f(z)|<K \text{ による})$$

R はどんなに大きくともよかったのだから，ここで $R \to +\infty$ とすると，$f'(z_0)=0$ となることがわかる．

z_0 はどんな複素数でもよかったのだから，このことは $f'(z)=0$ がつねに成り立つことを示している．したがってまた(たとえばテイラー展開を考えてみれば) $f(z)$ は定数であることがわかる．これでリューヴィユの定理が証明された．

代数学の基本定理の証明

リューヴィユの定理を使うと，代数学の基本定理を次のように簡単に導くことができる．証明には背理法を使うのである．

いま n 次の整式

$$f(z) = z^n + a_1 z^{n-1} + a_2 z^{n-2} + \cdots + a_n \quad (n \geqq 1)$$

が，複素数の中に $f(z)=0$ の解を1つももたないと仮定してみよう．そうすると

$$f(z) \neq 0 \tag{1}$$

である．実はこのとき，ある正数 L をとると

$$|f(z)| \geqq L \tag{2}$$

が成り立つのである．

(2)は，次の3つのことからの結論となる．

(i) $|z| \to \infty$ のとき $|f(z)| \to \infty$

このことは

$$|f(z)| \leqq |z|^n\left(1+\frac{|a_1|}{|z|}+\frac{|a_2|}{|z|^2}+\cdots+\frac{|a_n|}{|z|^n}\right)$$
$$\sim |z|^n \quad (|z| \text{ が大きいとき近似})$$
$$\longrightarrow \infty \quad (|z|\to\infty \text{ のとき})$$

からわかる．

(ii) したがって，十分大きな正数 A をとると，$|f(z)|\leqq 1$ をみたす z はすべて $|z|\leqq A$ の範囲に入っている．

(iii) もしどんな正数 L をとっても，(2)が成り立たないとすると，z を適当にとると $|f(z)|$ はいくらでも 0 に近づけることになる．したがって適当に点列 $z_1, z_2, \cdots, z_n, \cdots$ をとると

$$|f(z_n)| < \frac{1}{n} \quad (n=1,2,\cdots) \tag{3}$$

となる．(ii)から，$|z_n|\leqq A$ をみたしている．このことから，$\{z_n\}$ の中から適当に部分点列 $z_{n_1}, z_{n_2}, \cdots, z_{n_k}, \cdots$ をとると，この部分点列はある z_0 に収束することがわかる：$\lim_{k\to\infty} z_{n_k}=z_0$．$f(z)$ は連続だから

$$\lim_{k\to\infty} f(z_{n_k}) = f(z_0)$$

となるが，(3)から $f(z_0)=0$ が結論されてしまうから，これは(1)に反する．

結局，$|f(z)|$ はあまり 0 に近づくことができず，したがって，適当な正数 L をとると(2)が成り立つことがわかった．

そこで

$$\varPhi(z) = \frac{1}{f(z)}$$

とおくと，(1)を仮定しているから，$\varPhi(z)$ はガウス平面上至るところ正則で，さらに(2)により

$$|\varPhi(z)| \leqq \frac{1}{L}$$

となっている．したがってリューヴィユの定理により，$\varPhi(z)$ は定

数，したがってまた $f(z)$ は定数でなくてはならない．1次以上の整式 $f(z)$ が定数ということはあり得ないから，これは矛盾である．

これで私たちは，少なくとも1つの複素数 α_1 に対して
$$f(\alpha_1) = 0$$
となることがわかった．したがって，$f(z)$ を $z-\alpha_1$ で割って
$$f(z) = (z-\alpha_1)g(z)$$
となる．$g(z)$ は $n-1$ 次の整式である．$g(z)$ に対して，いまの結果を適用すると
$$g(\alpha_2) = 0$$
となる α_2 が存在することがわかる．したがって
$$f(z) = (z-\alpha_1)(z-\alpha_2)h(z)$$
となる．$h(z)$ は $n-2$ 次の整式である．これを繰り返していって最後に
$$f(z) = (z-\alpha_1)(z-\alpha_2)\cdots(z-\alpha_n)$$
が得られて，これで代数学の基本定理が証明された．

ローラン展開

　正則関数はすべて局所的にはテイラー展開として表わせる．これは美しい結果であるが，このことから1つ1つの関数のもつ個性的な性質を取り出して捉えることは，なかなかむずかしいことである．ある点のまわりのテイラー展開の係数を少し変えれば，解析性によってその影響ははるか遠くまで伝播し，関数のもつ性質を一般には大きく変えるのだろうけれど，私たちはそのことを見通すことはできない．個々の関数のもつ特性を，むしろ関数が正則性を失う点——特異点——の近くの状況を詳しく調べることによって特性づけようという考えが，しだいにはっきりとしてきたのである．

　1843年に，技術者であったローランが，コーシーの仕事に触発されて，円環の内部で定義されている正則関数に対して，正のベキだけではなくて，負のベキも現われるような，新しいタイプのベキ級数展開が可能であることを示し，この結果をフランス学士院に送

った．コーシーは直ちにこの論文の価値を認め，彼自身，追認するような短い論文をすぐに発表したが，これ以来コーシーは一層広い視野を得て，関数論の研究を進めることになった．

ローランの定理とは次のようなものである．

> **定理** $0 \leq r < R$ とする．a を中心とする円環
> $$r < |z-a| < R$$
> で定義された正則関数 $f(z)$ は
> $$f(z) = \cdots + \frac{a_{-n}}{(z-a)^n} + \cdots + \frac{a_{-2}}{(z-a)^2} + \frac{a_{-1}}{z-a}$$
> $$+ a_0 + a_1(z-a) + a_2(z-a)^2 + \cdots + a_n(z-a)^n + \cdots$$
> と表わされる．ここで
> $$a_n = \frac{1}{2\pi i} \int_C f(\zeta)(\zeta-a)^{-n-1} d\zeta \quad (n=0, \pm 1, \pm 2, \cdots)$$
> である．C は円環の中を正の向きに1周する円周を表わす．

この証明は次のようにコーシーの積分定理を用いて行なうのである．積分路としては次のものをとる．円環の外周 $C_1 : |\zeta-a|=R$ 上の1点 A から出発して，C_1 を正の向きに1周して A にもどり，次に円環の内周 $C_2 : |\zeta-a|=r$ 上へ線分 AB を伝わって移る．そのあと B から負の向きに C_2 を1周して，B へもどり，さらに B から A へもどる．すなわち

$$A \xrightarrow[\text{1周}]{C_1} A \longrightarrow B \xrightarrow[\text{1周}]{-C_2} B \longrightarrow A$$

とするのである．この積分路に囲まれた中で，$f(z)$ は正則だから，

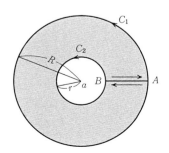

コーシーの積分定理を適用することができる．

実際適用してみると，次のようになる．円環の内部の任意の z に対して

$$f(z) = \frac{1}{2\pi i}\left\{\int_{C_1}\frac{f(\zeta)}{\zeta-z}d\zeta + \int_A^B\frac{f(\zeta)}{\zeta-z}d\zeta + \int_{-C_2}\frac{f(\zeta)}{\zeta-z}d\zeta \right.$$
$$\left. + \int_B^A\frac{f(\zeta)}{\zeta-z}d\zeta\right\}$$
$$= \frac{1}{2\pi i}\int_{C_1}\frac{f(\zeta)}{\zeta-z}d\zeta - \frac{1}{2\pi i}\int_{C_2}\frac{f(\zeta)}{\zeta-z}d\zeta$$

ここで

$$C_1 \text{ 上を } \zeta \text{ が動くとき} \quad \left|\frac{z-a}{\zeta-a}\right| < 1$$

$$C_2 \text{ 上を } \zeta \text{ が動くとき} \quad \left|\frac{\zeta-a}{z-a}\right| < 1$$

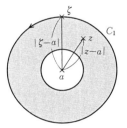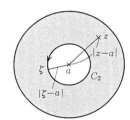

に注意して，等比級数の公式を使うことを考えると

$$f(z) = \frac{1}{2\pi i}\int_{C_1}\frac{f(\zeta)}{1-\dfrac{z-a}{\zeta-a}}d\zeta\frac{1}{\zeta-a} - \frac{1}{2\pi i}\int_{C_2}\frac{f(\zeta)}{\dfrac{\zeta-a}{z-a}-1}d\zeta\frac{1}{z-a}$$
$$= \frac{1}{2\pi i}\sum_{n=0}^{\infty}\int_{C_1}f(\zeta)\frac{1}{(\zeta-a)^{n+1}}d\zeta(z-a)^n$$
$$+ \frac{1}{2\pi i}\sum_{n=1}^{\infty}\int_{C_2}f(\zeta)(\zeta-a)^{n-1}d\zeta\frac{1}{(z-a)^n}$$

となる．ここで，積分と級数の和の順序を交換している．$\int_{C_1}$ と $\int_{C_2}$ は，円環の中を正の向きに1周する任意の積分路 C をとって $\int_C$ を計算しても同じ結果とする．したがって上の式を整理して書き直すと，ローランの定理となる．

孤立特異点

関数 $f(z)$ が，円 $|z-a|<R$ で，中心 a だけを除いて正則のとき，a を $f(z)$ の**孤立特異点**という．たとえば

$$\frac{\sin z}{z-1}, \quad \frac{z^2+5z+6}{(z-1)^3}, \quad e^{\frac{1}{z-1}}$$

などは，$z=1$ を孤立特異点としている．

このとき，ローランの定理を使ってみると，

$$f(z)=\cdots+\frac{a_{-n}}{(z-a)^n}+\cdots+\frac{a_{-2}}{(z-a)^2}+\frac{a_{-1}}{z-a}$$
$$+a_0+a_1(z-a)+a_2(z-a)^2+\cdots+a_n(z-a)^n+\cdots$$

と表わされている．これを a を中心とする $f(z)$ の**ローラン展開**という．正のベキの出ている部分はテイラー展開と形式上同じ形で，こちらの方は $f(z)$ の正則性の状況を示している．一方，負のベキの出ている部分は z が a に近づくときの $f(z)$ の特異性を表わしている．

特異点 $z=a$ では，一般には $f(z)$ は微分可能でも，また連続でもなくなっているが，それでも，特異点を取り囲んでいるまわりの点では $f(z)$ は正則であるという状況が効いて，$z \to a$ のときのようすをローラン級数を通して調べる道がひらけてきたのである．これは正則性のもたらした驚くべき出来事であった．

ローラン展開をしたとき 3 つの場合が起きる．

（1） $f(z)=a_0+a_1(z-a)+a_2(z-a)^2+\cdots+a_n(z-a)^n+\cdots$ と表わされるとき．

このときは，$f(a)=a_0$ とおくと，$f(z)$ は $|z-a|<R$ で正則関数となる．この場合，a は**除去可能な特異点**という．

たとえば

$$f(z)=\frac{\sin z}{z}$$

は，$z=0$ を除去可能な特異点としている．この場合 $z=0$ で $f(0)=$

1 とおくと，$f(z)$ はそこでも正則な関数となる．

(2) ある自然数 n があって

$$f(z) = \frac{a_{-n}}{(z-a)^n} + \frac{a_{-n+1}}{(z-a)^{n-1}} + \cdots + \frac{a_{-1}}{z-a}$$
$$+ a_0 + a_1(z-a) + a_2(z-a)^2 + \cdots\cdots + a_n(z-a)^n + \cdots$$

と表わされるとき．

すなわち負ベキの項が n 個しか出ないときであって，このとき，$z \to a$ のとき，$|f(z)| \to +\infty$ となる．この場合，a は **n 位の極**であるという．

たとえば

$$\frac{z^2+5z+6}{(z-1)^3}$$

は $z=1$ を 3 位の極としてもっている．

(3) 負ベキの項がどこまでも続く場合．すなわちどんな大きな自然数 N をとっても，それより大きい n で $a_{-n} \neq 0$ となるものがある場合．

このとき，$z \to a$ に近づくとき，その近づき方を適当にとることによって，$f(z)$ はどんな複素数の値に近づくこともできる．この場合，a は**真性特異点**であるという．たとえば $e^{\frac{1}{z-1}}$ では $z=1$ が真性特異点となっている．

真性特異点の示す特異性は，解析学者の興味をそそり，その研究は，19 世紀後半から 20 世紀初頭へかけて複素関数論を促進させる契機を与えたのである．

問題の解答

月曜日

[1] たとえば $f(x)g(x)$ が連続関数であることは
$$\lim_{x \to a} f(x)g(x) = \lim_{x \to a} f(x) \lim_{x \to a} g(x) = f(a)g(a)$$
からわかる．

[2] (1) $x^2 = a^2 + 2\xi(x-a)$ より $\xi = \dfrac{a+x}{2}$

(2) $x^3 = a^3 + 3\xi^2(x-a)$ より $\xi = \sqrt{\dfrac{x^2+ax+a^2}{3}}$

[3] 平均値の定理により
$$\frac{\sin x - 1}{2x - \pi} = \frac{1}{2} \frac{\sin x - \sin \frac{\pi}{2}}{x - \frac{\pi}{2}} = \frac{1}{2} \cos \xi \qquad \left(\frac{\pi}{2} < \xi < x \text{ または } x < \xi < \frac{\pi}{2}\right)$$
となる．

[4] (1) グラフは図のように，$y = x^2$ と $y = -x^2$ のグラフにはさまれて，原点に近づくにしたがって限りなく波打つ．

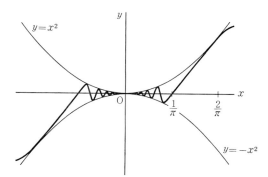

(2) $x \neq 0$ のとき
$$\varphi'(x) = 2x \sin \frac{1}{x} - \cos \frac{1}{x}$$
はすぐに求められる．$x = 0$ のときは微分の定義にもどって
$$\varphi'(0) = \lim_{h \to 0} \frac{\varphi(h) - \varphi(0)}{h} = \lim_{h \to 0} \frac{h^2 \sin \frac{1}{h}}{h}$$
$$= \lim_{h \to 0} h \sin \frac{1}{h} = 0 \qquad \left(\left|\sin \frac{1}{h}\right| \leq 1 \text{ に注意}\right)$$

（3） $x \to 0$ のとき，$2x \sin\frac{1}{x} \to 0$ であるが，$\cos\frac{1}{x}$ は 1 と -1 の間を振動し続ける．したがって $\varphi'(x)$ は $x \to 0$ のとき決まった値に収束しない．

火曜日

[1] $f(x) = (1+x)e^x = (1+x)\left(1 + \frac{x}{1!} + \frac{x^2}{2!} + \cdots + \frac{x^n}{n!} + \cdots\right)$

$\qquad = 1 + \left(1 + \frac{1}{1!}\right)x + \left(\frac{1}{1!} + \frac{1}{2!}\right)x^2 + \cdots + \left(\frac{1}{(n-1)!} + \frac{1}{n!}\right)x^n + \cdots$

$\qquad = 1 + \frac{2}{1!}x + \frac{3}{2!}x^2 + \cdots + \frac{n+1}{n!}x^n + \cdots$

ベキ級数展開の一意性から，これが $f(x)$ のマクローリン展開になる．

[2] $\sin 5x = 5x - \frac{5^3}{3!}x^3 + \frac{5^5}{5!}x^5 - \cdots + (-1)^{n-1}\frac{5^{2n-1}}{(2n-1)!}x^{2n-1} + \cdots$

[3] $\dfrac{1}{1+\sin x} = 1 - \sin x + \sin^2 x - \sin^3 x + \sin^4 x - \cdots$ （等比級数）

$\qquad = 1 - x\left(1 - \frac{x^2}{3!} + \frac{x^4}{5!} - \cdots\right) + x^2\left(1 - \frac{x^2}{3!} + \frac{x^4}{5!} - \cdots\right)^2 - \cdots$

この右辺を展開して整理したものが，マクローリン展開となる．$\varphi(x) = 1 - \frac{x^2}{3!} + \frac{x^4}{5!} - \cdots$ とおくと，$\varphi(x)$ は x の偶数ベキからなるベキ級数で

$$\frac{1}{1+\sin x} = 1 - x\varphi(x) + \underwave{x^2\varphi(x)^2} - x^3\varphi(x)^3 + \underwave{x^4\varphi(x)^4} - x^5\varphi(x)^5 + \cdots$$

〜をつけたところからは x^5 は出てこない．このことに注意して x^5 の係数を求めてみると

$$-\frac{1}{5!} + \frac{3}{3!} - 1 = -\frac{1}{120} + \frac{1}{2} - 1 = -\frac{61}{120}$$

[4] $(\cos^{-1} y)' = \dfrac{-1}{\sqrt{1-y^2}}$

水曜日

[1]
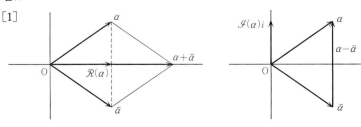

[2] z が C 上を動くとき，$z=2(\cos\theta+i\sin\theta)$ と表わされる．したがって
$$z^2 = 4(\cos 2\theta + i \sin 2\theta)$$
となる．この式は，z^2 が原点中心，半径4の円周 $\tilde{C}$ 上にあって，z が C 上を1周するとき，z^2 は2倍の速さで $\tilde{C}$ 上を2周することを示している．

[3]

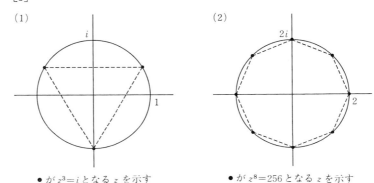

(1) ● が $z^3=i$ となる z を示す

(2) ● が $z^8=256$ となる z を示す

木曜日

[1] $z\bar{z}=x^2+y^2$．したがってこのとき $P(x,y)=x^2+y^2$, $Q(x,y)=0$ である．$\dfrac{\partial P}{\partial x}=2x$, $\dfrac{\partial Q}{\partial y}=0$ で $\dfrac{\partial P}{\partial x}\neq\dfrac{\partial Q}{\partial y}$ だから，コーシー・リーマンの関係式は成り立たない．

[2] $P(x,y)=e^x(x\cos y-y\sin y)$, $Q(x,y)=e^x(x\sin y+y\cos y)$ である．

$$\frac{\partial P}{\partial x} = e^x(x\cos y - y\sin y) + e^x \cos y$$

$$\frac{\partial Q}{\partial y} = e^x(x\cos y + \cos y - y\sin y)$$

この2式を見比べると $\dfrac{\partial P}{\partial x}=\dfrac{\partial Q}{\partial y}$ が成り立っていることがわかる．同様にして $\dfrac{\partial P}{\partial y}=-\dfrac{\partial Q}{\partial x}$ も確かめられる．

[3](1) 初項 $e^{i\theta}$，公比 $e^{i\theta}$ の等比数列の n 項までの和に対して，公式を適用したものである．

(2) 右辺の実数部分を取り出すには，次のようにすると少し計算が簡単になる．

まず一般に $e^{i\alpha}-e^{-i\alpha}=2i\sin\alpha$ が成り立つことに注意する．したがって

右辺の分母は
$$1-e^{i\theta} = e^{i\frac{\theta}{2}}(e^{-i\frac{\theta}{2}}-e^{i\frac{\theta}{2}}) = -2i\sin\frac{\theta}{2}\cdot e^{i\frac{\theta}{2}}$$
となる．したがって
$$\frac{e^{i\theta}-e^{i(n+1)\theta}}{1-e^{i\theta}} = \frac{-1}{2i\sin\frac{\theta}{2}} e^{-i\frac{\theta}{2}}(e^{i\theta}-e^{i(n+1)\theta})$$
$$= \frac{i}{2\sin\frac{\theta}{2}}(e^{i\frac{\theta}{2}}-e^{i(n+\frac{1}{2})\theta})$$
$$= \frac{i}{2\sin\frac{\theta}{2}}\left\{\left(\cos\frac{\theta}{2}-\cos\left(n+\frac{1}{2}\right)\theta\right)+i\left(\sin\frac{\theta}{2}-\sin\left(n+\frac{1}{2}\right)\theta\right)\right\}$$
これから，与えられた式の両辺の実数部分を比較して
$$\cos\theta+\cos 2\theta+\cdots+\cos n\theta = \frac{1}{2\sin\frac{\theta}{2}}\left\{\sin\left(n+\frac{1}{2}\right)\theta-\sin\frac{\theta}{2}\right\}$$
が得られる．

ついでだが虚数部分を比較して
$$\sin\theta+\sin 2\theta+\cdots+\sin n\theta = \frac{1}{2\sin\frac{\theta}{2}}\left\{\cos\frac{\theta}{2}-\cos\left(n+\frac{1}{2}\right)\theta\right\}$$
も得られる．

金曜日

[1] $\int_0^1 x^2 dx + \int_0^1 (1+iy)i\,dy + \int_1^0 (x^2+i)dx + \int_1^0 iy i\,dy$

$$= \frac{1}{3}+\left(1+\frac{i}{2}\right)-\left(\frac{1}{3}+i\right)-\frac{i}{2} = 1-i$$

[2] $e^z = 1+zg(z)$, $g(z) = \frac{1}{1!}+\frac{1}{2!}z+\cdots+\frac{1}{n!}z^{n-1}+\cdots$ と表わすと，$g(z)$ は正則関数である．したがって
$$\int_C \frac{e^z}{z}dz = \int_C \frac{1}{z}dz + \int_C g(z)dz = \int_C \frac{1}{z}dz = 2\pi i$$

[3](1) $\cos i = 1-\frac{i^2}{2!}+\frac{i^4}{4!}-\frac{i^6}{6!}+\frac{i^8}{8!}-\cdots$

$$= 1+\frac{1}{2!}+\frac{1}{4!}+\frac{1}{6!}+\frac{1}{8!}+\cdots$$

$\sin i = i-\frac{i^3}{3!}+\frac{i^5}{5!}-\frac{i^7}{7!}+\frac{i^9}{9!}-\cdots$

$$= i\Bigl(1-\frac{i^2}{3!}+\frac{i^4}{5!}-\frac{i^6}{7!}+\frac{i^8}{9!}-\cdots\Bigr)$$

$$= i\Bigl(1+\frac{1}{3!}+\frac{1}{5!}+\frac{1}{7!}+\frac{1}{9!}+\cdots\Bigr)$$

(2) $\sin 2i = 2i\Bigl(1+\frac{2^2}{3!}+\frac{2^4}{5!}+\frac{2^6}{7!}+\cdots\Bigr)$ に注意するとよい.

土曜日

[1] コーシーの積分定理により, $f(z)=z^4$ に対し

$$f'''(1) = \frac{3!}{2\pi i}\int_C \frac{z^4}{(z-1)^4}dz = \frac{3!}{2\pi i}\int_{\tilde{C}} \frac{(1+z)^4}{z^4}dz$$

$$= \frac{3!}{2\pi i}\int_{\tilde{C}}\Bigl(\frac{1}{z^4}+\frac{4}{z^3}+\frac{6}{z^2}+\frac{4}{z}+1\Bigr)dz$$

$$= \frac{3!}{2\pi i}\times 4\times 2\pi i = 4! = 24$$

ここで C は 1 を中心とする半径 1 の円, $\tilde{C}$ は原点中心の半径 1 の円. $\int_{\tilde{C}}\frac{4}{z}dz = 4\times 2\pi i$ を用いている.

[2] $|f^{(n)}(a)| \leq \frac{n!}{2\pi}\Bigl|\int_C \frac{f(z)}{(z-a)^{n+1}}dz\Bigr|$

$$\leq \frac{n!}{2\pi}\int_C \frac{|f(z)|}{|z-a|^{n+1}}d|z|$$

$$\leq \frac{n!}{2\pi}\frac{M}{R^{n+1}}\int_C d|z| = \frac{n!}{2\pi}\frac{M}{R^{n+1}}2\pi R = \frac{n!M}{R^n}$$

[3] $f(a)=f'(a)=\cdots=f^{(n)}(a)=\cdots=0$ とすると, $f(z)$ の a を中心とするテイラー展開は 0 となる. これを次々と解析接続していった結果もすべて 0 となる. したがって $f(z)$ はつねに 0 となる.

索　引

あ行

1次式　26
1のn乗根　68
ヴィエト　67
ワォリス　65
円環　132, 155
オイラー　65, 74, 89, 105, 123
オストログラドスキ　117

か行

開区間　3
解析学の算術化　140
解析関数　142, 146
解析性　138, 139
解析接続　141
回転　61, 62
ガウス　65, 113, 114, 116, 119, 150
ガウス平面　56
かけ算　63
加法定理　76
カルダーノ　64
関数　2, 3
関数論　145, 158
逆関数　39
逆三角関数　39
共役複素数　54
虚解　50
極　158
極限値　4, 82
　　変数の──　4
局所的な性質　10
局所的な変化　107
虚軸　56
虚数単位　53
虚数部分　54
距離　78
区分的に滑らか　108
グリーン　117
グリーンの公式　117
グルサ　117

グレゴリー　43
高階導関数　27, 29, 135
合成関数の微分　85
項別積分　129
コーシー　18, 84, 116, 140, 154, 155
コーシーの収束条件　80
コーシーの積分定理　131
コーシーの定理　108
コーシー・リーマンの関係式　87
孤立特異点　157

さ行

最小値　7
最大値　7
三角関数　33, 75
　　──の剰余項　34
　　──のマクローラン展開　38
3次式　26
3倍角の公式　67
四元数　71
指数関数　33, 37, 75
　　──の剰余項　33
　　──のマクローラン展開　37
指数法則　75
実軸　56
実数部分　54
写像　82, 106
収束円　103
収束する　79, 80
収束半径　103
純虚数　56
上限　8
剰余項　32
　　三角関数の──　34
　　指数関数の──　33
　　対数関数の──　34
真性特異点　158
整式　33, 100
正則な関数　84
絶対収束　103
相似拡大　61

た 行

大域的な性質　10
大域的な変化　107
対応　2
代数学の基本定理　150, 152
対数関数　34, 89
　　——の剰余項　34
　　——のマクローラン展開　38
　　——の無限多価性　115
代数的閉体　150
ダランベール　65
単位円周　61
力の合成　66
定義域　81
テイラー　43
テイラー展開　137
　　a を中心とする——　50
テイラーの定理　30
デカルト　65
特異点　141, 154
　　除去可能な——　157
ド・モァブルの公式　67

な 行

滑らかな関数　29
二項定理　46
2次式　26
2次方程式　50
2倍角の公式　67
ニュートン　42, 43, 46, 47, 65, 67

は 行

ハミルトン　66, 70
微分　82, 84
　　——の公式　84
微分可能　84
微分可能性
　　端点における——　12
複素関数　80
複素数　53
　　——のかけ算　61, 63
　　——の極表示　58
　　——の四則演算　53
　　——の絶対値　59, 78
　　——の足し算　57
　　——の長さ　59
　　——のハミルトン流導入法　55
　　——の引き算　58
　　——のベキ　122
　　——の偏角　59
　　——の割り算　64
複素数列　79
複素積分　109
複素平面　56
不定形の極限　22
不連続関数　6
閉曲線　107
平均値の定理　14
　　コーシーの——　18
閉区間　3
ベキ級数　35, 129
　　複素数の——　101
ベクトル　57
ベッセル　114
ベルヌーイ　65, 88
変数
　　実数の——　77
　　複素数の——　77

ま 行

マクローラン　43
マクローラン展開
　　三角関数の——　38
　　指数関数の——　37
　　対数関数の——　38
マクローラン展開の係数　36
マクローランの定理　33
無限多価　89
　　対数関数の——　115
メルカトール　42
面積分　117

や 行

有理式　100

ら 行

ライプニッツ　17, 43, 65

ラグランジュ　17
ラジアン　41
リューヴィユ　151
リューヴィユの定理　151
領域　81
連続関数　5, 82
　　閉区間上の——　7
　　有界な——　7
逗続曲線　81

ローラン　154
ローラン展開　157
ローランの定理　155
ロル　17
ロルの定理　12, 17

わ 行

ワイエルシュトラス　140, 141, 142
割り算　63

■岩波オンデマンドブックス■

数学が育っていく物語 第 2 週
解析性――実数から複素数へ

1994 年 5 月 6 日	第 1 刷発行
2000 年 6 月 26 日	第 6 刷発行
2018 年 9 月 11 日	オンデマンド版発行

著 者　志賀浩二（しがこうじ）

発行者　岡本　厚

発行所　株式会社　岩波書店
〒101-8002　東京都千代田区一ツ橋 2-5-5
電話案内　03-5210-4000
http://www.iwanami.co.jp/

印刷／製本・法令印刷

© Koji Shiga 2018
ISBN 973-4-00-730809-3　　Printed in Japan